全国职业教育土木类专业精品规划教材

U0348015

【砌筑工程施工工艺】

孙盘龙　　刘敏蓉　主编

 中国农业科学技术出版社

图书在版编目（CIP）数据

砌筑工程施工工艺 / 孙盘龙，刘敏蓉主编. —北京：中国农业科学技术
出版社，2020.9

ISBN 978-7-5116-4974-4

Ⅰ.①砌…　Ⅱ.①孙…②刘…　Ⅲ.①砌筑-建筑施工-技术-职业教育-
教材　Ⅳ.①TU754.1

中国版本图书馆 CIP 数据核字（2020）第 163094 号

责任编辑　崔改泵
责任校对　贾海霞

出　版　者　中国农业科学技术出版社
　　　　　　北京市中关村南大街 12 号　　邮编：100081
电　　　话　（010）82109194（编辑室）　（010）82109702（发行部）
　　　　　　（010）82109709（读者服务部）
传　　　真　（010）82106650
网　　　址　http://www.CASTP.cn
经　销　者　各地新华书店
印　刷　者　北京科信印刷有限公司
开　　　本　787mm×1 092mm　1/16
印　　　张　6
字　　　数　146 千字
版　　　次　2020 年 9 月第 1 版　2020 年 9 月第 1 次印刷
定　　　价　28.00 元

《砌筑工程施工工艺》
编 委 会

主　编　孙盘龙　刘敏蓉
副主编　王　燕　陈秀玉　隋向阳　史丽男
　　　　杨　鑫
编　者　孙秋苓　杨学政

前　言

　　为适应国家改革和发展示范校建设项目需要，培养面向企业、面向社会的建筑工程技术专业技能型人才，国家中等职业示范校结合多年积累的专业知识、教学经验，以及历年省、国家乃至世界级技能大赛中的实战经验，根据学生认知规律，设计"以项目为载体，以任务为导向"的《砌筑工程施工工艺》项目化教材进行教学，旨在培养精、钻、专的专业技术人才，并塑造具备敬业奉献、精益求精、吃苦耐劳、团结协作等大国工匠精神的新一代建筑人。

　　本书是国家示范校教学改革创新系列教材，全书包括砌筑用材料和机具、砌筑的基础操作、砌筑方法、砌体的组砌方式、墙体的砌筑、柱子的砌筑、砖基础的砌筑7个项目知识，以及一个以世界技能大赛为引领的实战砌筑项目，共8个项目。从学习任务、操作步骤入手，以一定的载体，按"PDCA循环"设计情境方案。既符合砌筑工程施工工艺规律，也便于组织教学，更加有利于学生对专业知识和技能的理解、吸收，将理论与实践进行融合，促进了专业教与学的双提高，实现从"要我学"到"我要学"的转变。

　　本书图文并茂，形象直观，具有很好的操作指导性，符合建筑工程专业人才培养特点，可作为职业教育砌筑实训教材和砌筑工培训教材，也可作为建筑工程人员的参考资料。

　　本书的编写，主要依据国家现行《砌体工程施工质量验收规范》GB 50203—2011、第45届世界技能大赛全国选拔赛砌筑项目技术文件、《建筑工程施工质量验收统一标准》GB 50300、《通用硅酸盐水泥》GB 175、《混凝土用水标准》JGJ 63、《砌筑砂浆增塑剂》JG/T 164、《粉煤灰在混凝土及砂浆中应用技术规程》JGJ 28、《建筑工程冬期施工规程》JGJ/T 104、《普通混凝土用砂、石质量及检验方法标准》JGJ 52、《建筑生石灰》JC/T 479等国家标准进行编写。

　　本书由烟台城乡建设学校孙盘龙老师和刘敏蓉老师主持编写；由烟台城乡建设学校史丽男老师、陈秀玉老师、王燕老师和隋向阳老师参与编写。具体分工为：孙盘龙老师编写项目三、项目五中的第一节至第四节以及项目八；刘敏蓉老师编写项目一；陈秀玉老师编写项目二并完成全书插图的绘制；王燕老师编写项目四和项目七；史丽男老师编写前言和项目六；隋向阳老师编写项目五中的第六节；杨鑫老师编写项目五中的第五节。全书由孙盘龙老师负责统稿和修改工作。

　　限于编者的水平，书中难免有不足之处，恳请读者批评指正。

本书参考学时：

项目	内容	课时
项目一	砌筑用材料和机具	4
项目二	砌筑的基础操作	10
项目三	砌筑方法	12
项目四	砌体的组砌方式	8
项目五	墙体的砌筑	48
项目六	柱子的砌筑	12
项目七	砖基础的砌筑	6
项目八	世界技能大赛砌筑项目	12
合计		112

目　　录

项目一　砌筑用材料和机具

◉ 项目目标

知识目标：掌握砌筑用材料的规格、种类和性能，熟悉砌筑用各种机械和工具。

技能目标：能够正确选用各种砌筑用材料，能够正确使用、保养砌筑的各种机械和工具。

第一节　砌筑用材料

学习任务：认识砌筑用材料和机具。

学习目标：

（1）熟悉砖的规格、种类和性能。

（2）了解砖现场验收的规定。

教学方法：现场观察和演示操作。

一、砖

砖是最传统的砌体材料。已由黏土为主要原料逐步向利用煤矸石和粉煤灰等工业废料为原料发展，同时由实心向多孔、空心发展，由烧结向非烧结发展。

（一）种类

（1）按材质分：黏土砖、页岩砖、煤矸石砖、粉煤灰砖、灰砂砖、混凝土砖等。

（2）按孔洞率分：实心砖（无孔洞或孔洞小于25%的砖），多孔砖（孔洞率≥25%，孔的尺寸小而数量多的砖，常用于承重部位，其强度等级较高），空心砖（孔洞率≥40%，孔的尺寸大而数量少的砖，常用于非承重部位，强度等级偏低）。

（3）按生产工艺分：烧结砖（经焙烧而成的砖）、蒸压砖、蒸养砖。

（4）按是否烧结分：免烧砖（水泥砖）和烧结砖（红砖）。

（二）规格

普通实心砖的标准规格尺寸为240 mm×115 mm×53 mm，重量1 800~1 900 kg/m³，每立方米标准砖的数量为529块。

标准砖的强度等级分为：MU30、MU25、MU20、MU15、MU10、MU7.5 六级。单位：1 kPa＝1 kN/m^2。

多孔砖和空心砖根据各地区的情况有所不同，例如 KP1 型多孔砖其外形尺寸一般为：

240 mm×115 mm×90 mm，240 mm×115 mm×180 mm，240 mm×240 mm×90 mm，180 mm×180 mm×90 mm，如图 1-1 所示。

烧结多孔砖根据抗压强度分为 MU30、MU25、MU20、MU15、MU10 五个强度等级。根据尺寸偏差、外观质量、强度等级和物理性能分为优等品（A）、一等品（B）和合格品（C）三个质量等级。

烧结空心砖和砌块根据其大面抗压强度分为 MU10.0、MU7.5、MU5.0、MU3.5、MU2.5 五个强度等级；按体积密度分为 800、900、1000、1100 四个密度级别；强度、密度、抗风化性能及放射性物质合格的砖和砌块，根据尺寸偏差、外观质量、孔洞排列及其结构、泛霜、石灰爆裂、吸水率分为优等品（A）、一等品（B）和合格品（C）三个质量等级（图 1-1）。

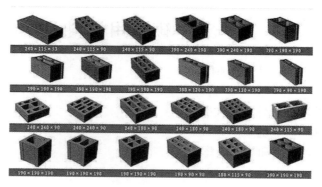

图 1-1 砖的种类

烧结多孔砖和空心砖的应用：烧结多孔砖因其强度较高，绝热性能优于普通砖，一般用于砌筑六层以下建筑物的承重墙；烧结空心砖主要用于非承重的填充墙和隔墙。

（三）技术要求执行标准

GB 5101—2003《烧结普通砖》

GB 13544—2000《烧结多孔砖》

GB 13545—2003《烧结空心砖和空心砌块》

JC 239—2001《粉煤灰砖》

GB 11945—1999《蒸压灰砂砖》

JC/T 637—1996《蒸压灰砂空心砖》

JC 943—2004《混凝土多孔砖》

GB 6566—2001《建筑材料放射性核素限量》

（四）其他规定

砖的产品质量必须合格，应先试验后使用，要有出厂质量合格证和试验报告单。使用前应按照品种、规格、产地、批量的不同进行取样试验。砖的必试项目为抗压强度。如试验的结果不合格，则应取双倍试样进行复试。若不合格，则判定该验收批为不合格。

有下列情况之一者，如对其材质有怀疑的、用于承重结构的，应进行复试。对于不合格的材料，不得使用，并应做出相应的处理报告。对于需要采取一定技术处理措施后才能再使用的砖，应首先满足技术要求，并经由技术负责人批准后，才能使用。

（五）使用前的准备

砖在砌筑前应提前 1~2 天将砖堆浇水润湿，以使砂浆和砖能很好黏结，并容易保证灰缝饱满。烧结普通砖、多孔砖的含水率宜为 10%~15%；灰砂砖、粉煤灰砖的含水率宜为 8%~12%。现场检查含水率的简易方法是现场砍断砖，砖的截面周围融水深度达到 15~20 mm 即视为合格。

（六）考核检测

项次	考核内容	考核方法	分值	得分
1	普通实心砖的标准尺寸	问答	10	
2	1 立方米标准砖的块数	计算	10	
3	标准砖的强度等级	问答	10	
4	烧结多孔砖的强度等级	问答	10	
5	烧结多孔砖的质量等级	问答	10	
6	烧结空心砖和砌块的强度等级	问答	10	
7	烧结空心砖和砌块的质量等级	问答	20	
8	润砖	砍砖目测	20	

二、砌筑砂浆

砌筑砂浆是由一定比例的沙子和胶结材料（水泥、石灰膏、黏土等）加水和成的黏结物质，也叫灰浆或砂浆。主要在建筑上砌砖使用，它起黏结、衬垫和传力作用，是砌体的重要组成部分。常用的砂浆有水泥砂浆、混合砂浆（或叫水泥石灰砂浆）、石灰砂浆和黏土砂浆。

（一）组成材料

1. 水泥

水泥是砂浆的主要胶凝材料，常用的水泥品种有普通水泥、矿渣水泥、火山灰水泥、粉煤灰水泥和复合水泥等，可根据设计要求、砌筑部位及所处的环境条件选择适宜的水泥品种。选择中低强度的水泥即能满足要求。水泥砂浆采用的水泥，其强度等级不宜大于 32.5 级；水泥混合砂浆采用的水泥，其强度等级不宜大于 42.5 级。如果水泥强度等级过高，则可加些混合材料。对于一些特殊用途，如配置构件的接头、接缝或用于结构加固、修补裂缝，应采用膨胀水泥。

2. 石灰

石灰膏和熟石灰不仅是作为胶凝材料，更主要的是使砂浆具有良好的保水性。

3. 细骨料

细骨料主要是天然砂，所配制的砂浆称为普通砂浆。砂中黏土含量应不大于 5%；强度等级小于 M2.5 时，黏土含量应不大于 10%。砂的最大粒径应小于砂浆厚度的 1/5~1/4，一般不大于 2.5 mm。作为勾缝和抹面用的砂浆，最大粒径不超过 1.25 mm，砂的粗细程度对水泥用量、和易性、强度和收缩性影响很大。

4. 拌合用水

砂浆拌合用水与混凝土拌合水的要求相同，应选用无有害杂质的洁净水来拌制砂浆。

（二）性能指标

包括砂浆的配合比、砂浆的稠度、砂浆的保水性、砂浆的分层度和砂浆的强度等级。

（1）砂浆的配合比。指根据砂浆强度等级及其他性能要求而确定砂浆的各组成材料之间的比例。以重量比或体积比表示。

（2）砂浆的稠度。指在自重或施加外力下，新拌制砂浆的流动性能。以标准的圆锥体自由落入砂浆中的沉入深度表示。

（3）砂浆的保水性。指在存放、运输和使用过程中，新拌制砂浆保持各层砂浆中水分均匀一致的能力，以砂浆分层度来衡量。

（4）砂浆的分层度。指新拌制砂浆的稠度与同批砂浆静态存放达规定时间后所测得下层砂浆稠度的差值。

（5）砂浆的强度等级。是以边长为 70.7 mm 的立方体试块，按标准养护条件养护至 28 天的抗压强度平均值而确定的。砂浆的强度等级分为 M5、M7.5、M10、M15、M20、M25、M30 七个等级。

（三）砂浆选择

水泥石灰砂浆宜用于砌筑干燥环境中的砌体；多层房屋的墙一般采用强度等级为 M5 的水泥石灰砂浆；砖柱、砖拱、钢筋砖过梁等一般采用强度等级为 M5~M10 的水泥砂浆；砖基础一般采用不低于 M5 的水泥砂浆；低层房屋或平房可采用石灰砂浆；简易房屋可采用石灰黏土砂浆。

（四）拌制使用

砌筑砂浆应采用砂浆搅拌机进行拌制。砂浆搅拌机可选用活门卸料式、倾翻卸料式或立式，其出料容量常用 200 L（图 1-2）。

搅拌时间从投料完成算起，应符合下列规定：

（1）水泥砂浆和水泥混合砂浆，不得小于 2 min。

（2）水泥粉煤灰砂浆和掺用外加剂的砂浆，不得小于 3 min。

（3）掺用有机塑化剂的砂浆，应为 3~5 min。

（4）拌制水泥砂浆，应先将砂与水泥干拌均匀，再加水拌合均匀。

（5）拌制水泥混合砂浆，应先将砂与水泥干拌均匀，再加掺加料（石灰膏、黏土膏）和水拌合均匀。

（6）掺用外加剂时，应先将外加剂按规定浓度溶于水中，在拌和水投入时投入外加剂溶液，外加剂不得直接投入拌制的砂浆中。

图 1-2　拌制砂浆

（7）砂浆拌成后和使用时，均应盛入贮灰器中。如灰浆出现泌水现象，应在砌筑前再次拌合。砂浆应随拌随用。水泥砂浆和水泥混合砂浆必须分别在拌成后 3 h 和 4 h 内使用完毕；当施工期间最高气温超过 30 ℃时，必须分别在拌成后 2 h 和 3 h 内使用完毕。对于掺用缓凝剂的砂浆，其使用时间可根据具体情况延长。

（五）砂浆验收

（1）砌筑砂浆试块强度验收时，其强度合格标准必须符合以下规定：

同一验收批砂浆试块抗压强度平均值必须大于或等于设计强度等级所对应的立方体抗压强度；同一验收批砂浆试块抗压强度的最小一组平均值必须大于或等于设计强度所对应的立方体抗压强度的 0.75 倍。图 1-3、图 1-4 分别为砂浆试块及三联铸铁砂浆试块模具。

注意：①砌筑砂浆的验收批，同一类型、强度等级的砂浆试块应不少于 3 组，当同一验收批只有一组试块时，该组试块抗压强度的平均值必须大于或等于设计强度等级所对应的立方体抗压强度。②砂浆强度应以标准养护、龄期 28 天的试块抗压试验结构为准。

（2）抽样数量。每一检验批且不超过 250 m³ 砌体的各种类型及其强度等级的砌筑砂浆，每台搅拌机应至少抽检一次。

（3）检验方法。在砂浆搅拌机出料口取样制作砂浆试块（同盘砂浆只应制作一组试块），最后检查试块强度实验报告单。

图1-3 砂浆试块

图1-4 70.7 mm×70.7 mm×70.7 mm
三联铸铁砂浆试块模具

（4）当施工中或验收时出现以下情况，可采用现场检验方法对砂浆和砌体强度进行原位检测或取样检测，并判定其强度：

①砂浆试块缺乏代表性或试块数量不足；

②对砂浆试块的实验结果有怀疑或有争议；

③砂浆试块的试验结果不能满足设计要求。

（六）考核检测

项次	考核内容	考核方法	分值	得分
1	常用砂浆的种类	问答	10	
2	常用的水泥品种	问答	10	
3	砂浆的性能指标	问答	10	
4	砂浆的强度等级	问答	10	
5	砂浆的搅拌时间	问答	20	
6	砂浆的使用时间	问答	20	
7	人工拌制适宜砂浆	目测	20	

三、课后习题

1. 作为工地的技术人员应如何检验砖的质量？
2. 清水砖墙用砖对砖的外观有何要求？
3. 现场如何进行砂浆的验收？

第二节 砌筑用机具

学习任务：认识砌筑的主要机械和工具。

学习目标：
（1）了解砂浆搅拌机的种类和主要工具的种类。
（2）熟悉机械和主要工具的使用方法。
教学方法：现场观察和演示操作。

一、砌筑用机械和工具

（一）机械、工具种类

1. 砂浆搅拌机

砂浆搅拌机是把水泥、砂和水混合并拌制成砂浆混合料的机械。如图 1-5 所示。主要由拌筒、加料和卸料机构、供水系统、原动机、传动机构、机架和支承装置等组成。

图 1-5　砂浆搅拌机

2. 瓦刀

瓦刀又称泥刀，是个人使用及保管的工具，用于涂抹、摊铺砂浆、砍削砖块、打灰条及发碹。如图 1-6 所示。

图 1-6　瓦刀

3. 大铲

大铲是用于铲灰、铺灰和刮浆的工具，也可以在操作中用它随时调和砂浆。大铲以桃形居多，也有长三角形和长方形的。它是实施"三一"砌筑法的关键工具。如图 1-

7 所示。

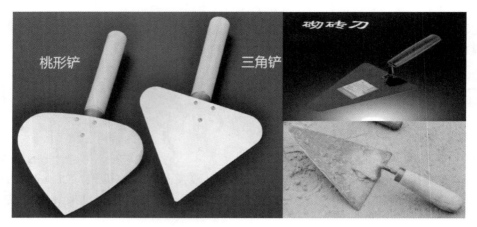

图 1-7　大铲

4. 刨锛

刨锛是用以打砍砖块的工具，也可当作小锤与大铲配合使用。为了便于打"七分头"（3/4 砖），有的操作者在刨锛手柄上刻一凹槽线为记号，使凹口到刨锛刃口的距离为 3/4 砖长。如图 1-8 所示。

5. 手锤

手锤俗称小榔头，用作敲凿石料和开凿异形砖之用。如图 1-9 所示。

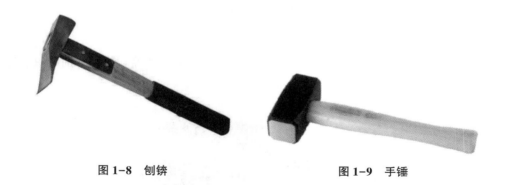

图 1-8　刨锛　　　　　　　　　　　图 1-9　手锤

6. 钢凿

钢凿又称錾子，可用 45 号钢或 60 号钢锻造，一般直径为 20～28 mm，长 150～250 mm。与小锤配合用于打凿石料，开剖异形砖等。其端部有尖头和扁头两种。如图 1-10 所示。

7. 摊灰尺

摊铺灰浆用。摊灰尺是用木头钉制的直角靠尺，长度 1 m 左右，并带有木手柄，上面木条厚度应与灰缝厚度相等，凸出部分为 13 mm。刮铺灰浆时，先将摊灰尺的凸出部

图 1-10　钢凿

分搁在砌好砖墙边棱上，把灰浆倒在墙上，用瓦刀贴着摊灰尺上的木条把灰浆刮平。铺的灰要均匀平整，并缩进墙边 13 mm，使砌的墙面清洁。如图 1-11 所示。

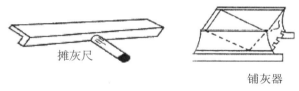

摊灰尺　　　　　　　　　铺灰器

图 1-11　摊灰尺

8. 溜子

溜子又称抿子、灰匙、勾缝刀，一般用 φ8 钢筋打扁制成，并装上木柄，通常用于清水墙勾缝，用 0.5~1 mm 厚的薄钢板制成的较宽的溜子，则用于墙的勾缝。如图 1-12 所示。

图 1-12　溜子

9. 灰板

灰板又称托灰板，用不易变形的木材制成，在勾缝时，用它承托砂浆。如图 1-13 所示。

图 1-13　灰板

10. 墨斗

墨斗用于弹墙体的边线、轴线。如图 1-14 所示。

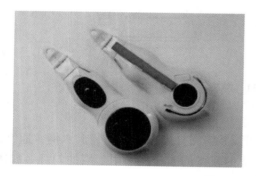

图 1-14　墨斗

（二）考核检测

项次	考核内容	考核方法	分值	得分
1	砂浆搅拌机的种类	问答	10	
2	瓦刀的作用	问答	10	
3	大铲的保养	演示目测	10	
4	刨锛的作用	问答	10	
5	手锤的作用	问答	10	
6	钢凿的作用	问答	10	
7	摊灰尺的演示	目测	10	
8	溜子的作用	问答	10	

（续表）

项次	考核内容	考核方法	分值	得分
9	灰板的作用	问答	5	
10	墨斗的使用演示	目测	5	
11	演示操作机械搅拌砂浆	目测	10	

二、砌筑用考核检测工具

（一）检测工具种类

1. 钢卷尺

钢卷尺有 1 m、2 m、3 m、5 m 及 30 m、50 m 等多种规格。砖瓦工操作宜使用 2 m 的钢卷尺。钢卷尺应选用有生产许可证的厂家生产的产品。钢卷尺主要用来测量轴线尺寸、位置及墙长、墙厚，还有门窗洞口的尺寸、留洞位置尺寸等。如图 1-15 所示。

图 1-15　钢卷尺

2. 托线板

托线板又称靠尺板，用于检查墙面垂直和平整度。由施工单位用木材自制，长 1.2~1.5 m。如图 1-16 所示。

3. 线坠

线坠吊挂垂直使用，主要与托线板配合使用。如图 1-17 所示。

4. 塞尺

塞尺与托线板或水平尺、靠尺配合使用，来测定墙、柱的垂直、平整度的偏差。塞尺上每一格表示厚度方向 1 mm。使用时，托线板一侧紧贴于墙面或柱面上，由于墙面或柱面的平整度不够，必然与托线板产生一定的缝隙，用塞尺轻轻塞进缝隙，塞进格数就表示墙面或柱面偏差的数值。如图 1-18 所示。

5. 水平尺

水平尺用铁和铝合金制成，中间镶嵌玻璃水准管，用来检查砌体水平度、垂直度和其他角度的偏差。如图 1-19 所示。

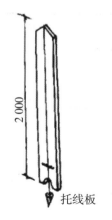

托线板

托线板

图 1-16　托线板

图 1-17　线坠

图 1-18　塞尺

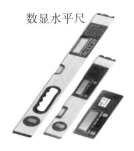

数显水平尺

图 1-19 水平尺

6. 施工线

施工线也称准线。是指砌墙时拉的细线，一般使用直径为 0.5 mm 或 1 mm 的小白线、麻线、尼龙线或弦线，用于砌体砌筑时拉水平用，另外也用来检查水平缝的平直度。如图 1-20 所示。

图 1-20 施工线

7. 百格网

百格网是用于检查砌体水平缝砂浆饱满度的工具，可用铁丝编制锡焊而成，也有在有机玻璃上划格而成，其规格为一块标准砖的大面尺寸。将其长宽方向各分成 10 格，画成 100 个小格，故称为百格网。如图 1-21 所示。

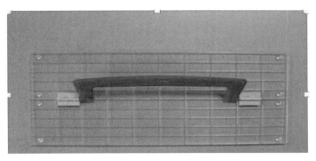

图 1-21 百格网

8. 方尺

边长为 200 mm 的直角尺，有阴角和阳角两种，分别用于检查砌体转角的方正程度。如图 1-22 所示。

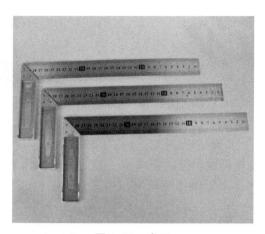

图 1-22　方尺

9. 皮数杆

皮数杆是砌筑砌体在高度方向的基准。皮数杆分为基础用、地上用以及比赛用工具式的 3 种。基础用皮数杆比较简单，一般使用 30 mm×30 mm 的小木杆，由现场施工员绘制。一般在进行条形基础施工时，先要在立皮数杆的地方预埋一根小木桩，到砌筑基础墙时，将画好的皮数杆钉到小木桩上。皮数杆顶应高出防潮层的位置，杆上要画出砖皮数、地圈梁、防潮层等的位置，并标出高度和厚度。皮数杆上的砖层还要按顺序编号。画到防潮层底的标高处，砖层必须是整皮数。如果条形基础垫层表面不平，可以在一开始砌砖时就用细石混凝土找平。如图 1-23、图 1-24 所示。

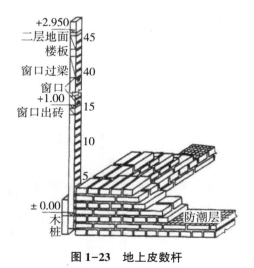

图 1-23　地上皮数杆

图 1-24　工具式皮数杆

（二）考核检测

项次	考核内容	考核方法	分值	得分
1	钢卷尺的使用	目测	10	
2	托线板的使用	目测	10	
3	线坠的使用	问答	10	
4	塞尺的使用演示	目测	10	
5	水平尺的使用	目测	10	
6	施工线的作用	问答	10	
7	百格网的使用演示	目测	10	
8	方尺的使用演示	目测	10	
9	皮数杆的作用	问答	10	
10	演示水平尺的垂直度测法	目测	10	

三、课后习题

1. 简述机械的使用方法。
2. 简述各种工具的使用方法。

项目二　砌筑的基础操作

● 项目目标

知识目标：熟悉测量放线的基本原理和方法。掌握选砖、砍砖的动作要领，掌握各种铺灰的手法和动作要领。

技能目标：能够进行砌筑工程的各种定位放线。能够在砌筑过程中根据工程需要进行熟练的选砖、砍砖。能够根据砌筑的各种需要进行铲灰铺灰。

第一节　定位放线

学习任务：

（1）弹一条直线 AB。

（2）弹两条垂直线。

学习目标：

（1）熟悉弹线工具。

（2）掌握墨斗的使用方法。

（3）掌握单人弹线法和双人弹线法两种弹线方法。

材料及工具：墨汁、墨斗、红蓝铅笔等。

一、弹线操作工艺和方法

1. 单人弹线法

单人站立，用左手拽出墨线，对准 A 点用左脚踩紧在基层地面上，右脚向 B 点方向斜跨出一大步，弯腰向下，右手握紧墨盒，把墨线扯紧后，对准 B 点，摁在地面基层上，左手尽量对准墨线中部，垂直向上扯起并快速放松，在基层就形成一条清晰的墨线 AB。如图 2-1 所示。

2. 双人弹线法

双人站立，一人（甲）手持墨盒，另一人（乙）捏住墨盒中的墨线并拽出，甲、乙两人扯紧墨线，分别对准 A、B 两点，摁在基层地面上，其中一人用另一只手扯起墨

图 2-1　单人弹线法

线并快速放松，在基层上就弹出了一条清晰地墨线 AB。如图 2-2 所示。

图 2-2　双人弹线法

3. 两条垂直线操作工艺和方法

先弹出一条已知的墨线，在线上定出两点 A、B，使 AB＝40 cm（图 2-3）。然后以A 为圆心，30 cm 为半径画弧；以 B 为圆心，50 cm 为半径画弧，两弧交于一点 C，以A、C 两点为基准弹出墨线，地面上就清晰的呈现出两条墨线，即 AB 垂直于 AC。

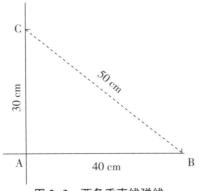

图 2-3　两条垂直线弹线

二、考核检测

项次	项目	检验方法	分值	得分
1	单人步法	现场目测	10	
2	单人身法	现场目测	10	
3	单人弹线手法	现场目测	10	
4	双人弹线手法	目测	10	
5	检查弹线的位置	卷尺	10	
6	步法	现场目测	10	
7	身法	现场目测	10	
8	手法	现场目测	10	
9	角度	实量实测	10	
10	放线位置	实量实测	10	

三、课后习题

1. 单人如何弹出 5 m 长墨线？
2. 砌体砌筑过程中，什么情况下需要弹垂直线。

第二节　选砖砍砖

学习任务：学习选砖和砍砖的操作。
学习目标：掌握旋转、翻转砖及砍砖的操作方法和要领。
材料及工具：标准砖、刨锛等。

一、选砖（旋转砖、翻转砖）

（一）操作工艺和方法

1. 旋转砖

手心向上，手指微弯托砖，手指稍用力推动砖做180°的水平旋转。

2. 翻转砖

手心向上，手指微弯托转，手指稍用力推动砖做90°或180°的翻转。

如图2-4所示。

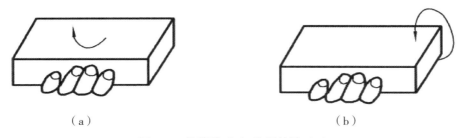

（a）　　　　　　　　　　　　（b）

图 2-4 旋转砖（a）和翻转砖（b）

（二）考核检测

项次	项目	检验方法	分值	得分
1	手掌心的方向	目测	20	
2	力量的方向	目测	20	
3	手指的位置方向	目测	20	
4	旋转的手法	目测	20	
5	翻转的手法	目测	20	

二、砍砖

（一）操作工艺和方法

由于砖的尺寸不符合建筑模数，所以砌筑过程中常常需要砍砖。

砍砖方法：左手手心向上，砖的长侧面斜朝上，紧握住砖；右手握住刨锛或瓦刀手柄，刃面朝砖，在砖的 7 分或半砖处，用力击打一下，打出刻痕。同样，在砖的另一长侧面打出刻痕。然后翻转砖，大面斜朝上用手托住，用刨锛的锤面击打两刻痕连线处砖大面中部。如图 2-5 所示。

图 2-5 砍砖

1. 砍七分头砖

七分头砖即长度为 3/4 砖长的砖，其尺寸为 180 mm×115 mm×53 mm。

其砍凿方法为：选砖（外观平整、内在质地均匀）→左手持砖（条面向上）→右手持瓦刀或刨锛，刃面朝砖，用瓦刀或刨锛所刻标记量测砖块→用瓦刀或刨锛用力击打出刻痕→翻转砖，大面斜朝上用手托住，用刨锛的锤面击打两刻痕连线处砖大面中部，打掉二分头。如图2-6所示。

图2-6　砍七分头砖

2. 砍二寸条砖

二寸条砖即宽度为1/2砖宽的砖，其尺寸为240 mm×57.5 mm×53 mm。

其砍凿方法为：选砖（外观平整、内在质地均匀）→左手握砖，用瓦刀或刨锛在砖的2个大面划线痕→用瓦刀或刨锛在砖的2个丁面上各用力砍一下，打出刻痕→再用瓦刀口或刨锛刃面轻轻叩打砖的2个大面线痕处并逐渐加力→最后在砖的2个丁面用力砍成二寸条。

（二）考核检测

项次	项目	检验方法	分值	得分
1	手握刨锛位置	目测	20	
2	估量砖的尺寸	目测	20	
3	刃面砍砖	目测	20	
4	锤面击打	目测	20	
5	砍砖尺寸	实量实测	20	

三、课后习题

1. 思考一下，砌筑中什么情况下需要旋转砖？
2. 砍7分头的砖时刨锛刃面砍砖可以多次击打吗？为什么？

第三节　铲灰铺灰

学习任务：学习正确手握灰铲的方法及铺灰手法。

学习目标：掌握手握灰铲的动作要领。掌握基本的铺灰动作。

材料及工具：灰铲、砂浆（水泥、砂、水）、外加剂、标准砖等、灰斗、施工线若干、墨斗、水桶、铁锹、砂浆搅拌机等。

一、手握灰铲

（一）操作工艺和方法

双腿站立，胳膊自然下垂，正手握铲柄中间位置，虎口在上，保持铲面水平。如图2-7所示。

图 2-7　手持灰铲

（二）考核检测

项次	项目	检验方法	分值	得分
1	手握位置	目测	20	
2	虎口方向	目测	20	
3	大拇指方向	目测	30	
4	其余四指方向	目测	30	

二、铺灰

（一）操作工艺和方法

铺灰动作可分为甩、溜、丢、扣等。

1. 甩灰（适宜砌筑离身低而远部位的墙体）

铲取砂浆呈均匀条状（长 160 mm、宽 40 mm、厚 3 mm）并提升到砌筑位置→铲面转动 90°（手心向上）→用手腕向上扭动并配合手臂的上挑力顺砖面中心将灰甩出→砂浆呈条状均匀落下（长 260 mm、宽 80 mm、厚 20 mm）。

2. 扣灰（适宜砌筑近身高部位的墙体）

铲取砂浆呈均匀条状并提升到砌筑位置→铲面转动 90°（手心向下）→利用手臂前推力顺砖面中心将灰扣出→砂浆呈条状均匀落下。

3. 溜灰（适宜砌角砖）

铲取砂浆呈扁平状并提升到砌筑位置→铲尖紧贴砖面，铲柄略抬高→向身后抽铲落灰→砂浆呈扁平状并与墙边平齐。

4. 丢灰（砌丁砖时，当墙砌得较高而且近身时，不方便用扣灰可采用丢灰）

铲取砂浆呈扁平状并提升到砌筑位置→灰铲倾斜→灰铲一送快速抽铲落灰→砂浆呈扁平状落下。如图 2-8 所示。

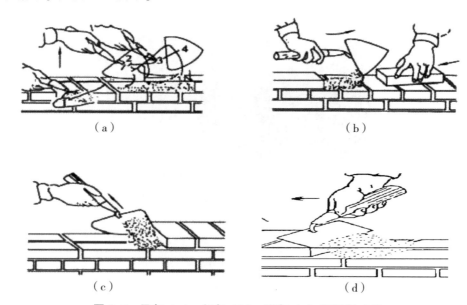

（a）　　　　　　　　　　　　　　（b）

（c）　　　　　　　　　　　　　　（d）

图 2-8　甩灰（a）、扣灰（b）、溜灰（c）和丢灰（d）

（二）考核检测

项次	项目	检验方法	分值	得分
1	手握灰铲位置	目测	10	
2	五指的位置方向	目测	20	
3	虎口方向	目测	20	
4	甩灰	目测	20	
5	扣灰	目测	10	
6	溜灰	目测	10	
7	丢灰	目测	10	

三、课后习题

1. 手握灰铲时胳膊应_____，_____手握铲柄_____位置，虎口在_____，保持铲面_____。

 2. 简述甩灰的操作要领。

 3. 简述扣灰的操作要领。

 4. 简述溜灰的操作要领。

 5. 思考题：是否可以根据个人习惯随意握灰铲？

项目三 砌筑方法

● **项目目标**

知识目标：掌握砌体砌筑过程中的各种步法、身法、手法的操作方法和要领。

技能目标：能够运用"三一"砌砖法、"二三八一"砌砖法、"摊尺"铺灰法、"满口"灰法进行砌体的砌筑。

第一节 "三一"砌砖法
——以 1 m 二四墙的砌筑为例

学习任务：学习"三一"砌砖法。

学习目标：

（1）掌握"三一"砌砖法的基本步法、身法和手法。

（2）熟练各种铺灰动作。

材料及工具：标准砖、砂浆（水泥、砂、水）、外加剂等。灰铲、灰斗、施工线若干、墨斗、水桶、铁锹、砂浆搅拌机等。

一、实训操作工艺和方法

"三一"砌砖法又称铲灰挤砌法，它的基本动作是"一铲灰、一块砖、一挤揉"，并随手把挤出的砂浆刮掉。

步法、身法操作时，人应顺墙体斜站，左脚在前离墙 15 cm 左右，右脚在后，距墙及左脚跟 30~40 cm。

砌筑方向是由前往后退着走，这样操作可以随时检查已砌好的砖是否平直。砌完 3~4 块顺砖后，左脚后退一大步（70~80 cm），右脚后退半步，人斜对墙面可砌筑约 50cm，砌完后左脚退半步，右脚退一步，恢复到开始砌时部位。如此反复上述步法继续砌砖。如图 3-1 所示。

1. 铲灰取砖

铲灰时应先在灰斗里用铲底摊平砂浆表面（便于掌握吃灰量），然后用手腕横向转

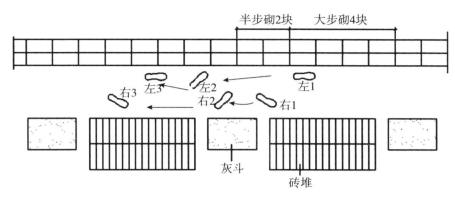

图 3-1　砌筑步法平面示意图

动来铲灰，减少手臂动作，取灰量要根据灰缝厚度大小，以满足一块砖的需要量为准。取砖时应随拿砖随挑选好下一块砖。左手拿砖，右手拿灰，同时拿起来，以减少弯腰次数，争取砌筑时间。

2. 铺灰

铺灰是砌筑中比较关键的动作，如掌握不好会影响砌筑的质量和速度，有时落灰点不准还需要铲刮平，增加多余动作。

在砌顺砖时，当墙砌得不高而且距操作业者较远时，可采用溜灰方法铺灰；当墙砌得较高，近身砌砖时可采用扣灰方法铺灰；还可以采用甩灰方法铺灰。在砌丁砖时，当墙砌得较高而且近身时，可采用丢灰方法铺灰；还可以采用扣灰方法铺灰。不论采用哪一种铺灰动作，都要求铺出的灰条要近似砖的外形，长度比一块砖稍长 1~2 cm，宽 8~9 cm，灰条与墙面距离约 2 cm，并与前一块砖的灰条相接。

3. 揉砖

左手拿砖在已砌好的砖前 3~4 cm 处开始平放推挤，并用手轻柔。在揉砖时，眼要上边看线，下边看墙皮，左手中指随即同时伸下，摸一下上下砖棱是否齐平。砌好一块砖后，随即用铲将挤出的砂浆刮回，放在竖缝中或投入灰斗内。揉砖的目的是使砂浆饱满。铺在砖面上的砂浆如果较薄，揉的劲要小些；砂浆较厚时，揉的劲要大一些，并且根据已铺好的砂浆位置要前后揉或左右揉。总之，以揉到下齐砖棱上齐线为适宜，要做到平齐、轻放、轻柔。做到"上跟线，下跟棱，左右相跟要对平"，当砖揉好后，禁止用铲在砖上再敲几下。如图 3-2 所示。

图 3-2　揉砖

采用"三一"砌砖法时，所用砂浆的稠度宜为7~9 cm。不能太稠，砂浆太稠不易揉砖，竖缝也填不满；但砂浆也不能太稀，太稀的砂浆易从大铲上滑下去，操作不方便。

"三一"砌砖法的优点是：由于铺出来的砂浆面积相当于一块砖的大小，并随即揉砖，因此灰缝容易饱满、黏结力强，能保证砌筑质量；在挤砌时随手刮去挤出的砂浆，使墙面保持清洁。"三一"砌砖法的缺点是：这种操作方法一般是个人单干，发挥分工协作的效能较差；操作时取砖、铲灰、铺灰、转身、弯腰等烦琐动作较多，要耗去一定时间，影响砌筑效率。因而用2铲灰砌3块砖或3铲灰砌4块砖的办法来提高砌筑效率。

"三一"砌砖法适合于砌窗间墙、柱、垛、烟囱筒壁等较短的部位。

二、考核检测

项次	项目	检验方法	分值	得分
1	弯腰姿势	目测	10	
2	步法	目测	10	
3	取砖的姿势	目测	10	
4	铺灰手法	目测	10	
5	揉砖动作	目测	20	
6	刮浆的动作	目测	20	
7	材料工具放置位置	目测	20	

三、课后习题

1. "三一"砌砖法又称铲灰挤砌法，它的基本动作是"_____、_____、_____"，并随手把挤出的砂浆刮掉。

2. 思考一下在"三一"砌筑法中，各种铺灰的手法都适用于砌筑哪些位置砖。

第二节 "二三八一"砌砖法
——以1 m二四墙的砌筑为例

学习任务：学习"二三八一"砌砖法。

学习目标：

（1）掌握"二三八一"砌砖法的基本步法、身法和手法。

（2）熟练各种铺灰动作。

材料及工具：标准砖、砂浆（水泥、砂、水）、外加剂等。灰铲、灰斗、施工线若干、墨斗、水桶、铁锹、砂浆搅拌机等。

一、"二三八一"砌砖法操作工艺和方法

"二"指两种步法，即：丁字步、并列步。

"三"指三种弯腰身法，即：侧身弯腰法、丁字步正弯腰法、并列步正弯腰法。

"八"指八种铺浆手法，即：砌顺砖时用甩、扣、泼、溜四种手法，砌丁砖时用扣、溜、泼和"一带二"四种手法。

"一"指一种挤浆动作，即：先挤浆揉砖，后刮余浆。

1. "二三八一"砌砖法步法

砌砖采取后退砌法。开始砌筑时，人斜站成丁字步，后腿靠近灰槽，稍一弯腰就可完成铲灰动作。按丁字步迈出一步，可砌 1 m 长的墙。砌至近身，前腿后退半步，成并列步正面对墙，又可砌 50 cm 长的墙。砌完后将后腿移至另一灰槽边，复而又成丁字步，重新完成如上动作。

2. "二三八一"砌砖法身法

铲灰拿砖时用侧身弯腰，利用后腿稍弯、斜肩、垂臂，稍一侧身即可完成铲灰拿砖动作。侧身弯腰使身体形成一个趋势，即利用后腿伸直将身体重心移向前腿，成丁字步正弯腰进行铺灰砌砖。砌至近身前腿后撤，使铲灰拿砖侧身弯腰转身成并列步正弯腰进行铺灰砌砖。身体重心还原。

3. 铺灰手法

（1）顺砖。

"甩"是用大铲铲取均匀条状砂浆，提升到砌筑部位，将铲转90°（手心向上），顺砖面中心甩出，使砂浆拉长均匀落下（图3-3）。

"扣"是用大铲取条状砂浆，反扣出砂浆，铲面运动路线与"甩"正好相反，手心向下（图3-4）。

图3-3　顺砖

图3-4　反扣砂浆

"泼"是用大铲铲取扁平状砂浆，提取到砌筑面上将铲面翻转，手柄在前，平行向前推进，泼出砂浆。

"溜"是用大铲铲取平状砂浆，将铲送到墙角部位，比齐墙边抽铲落浆（图3-5）。

（2）丁砖。

"扣"是用大铲铲取砂浆时前部略低，扣在砖面上的砂浆是外口稍厚一些（图3-6）。

 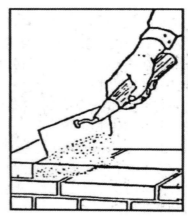

图3-5 溜砂浆　　　　　　　图3-6 扣砂浆

"溜"是用大铲铲取平状砂浆，铺灰时将手臂伸过准线，铲边比齐墙边，抽铲落浆。

"泼"是用大铲铲取扁平状砂浆，泼灰时落灰点向里移动20 mm，挤浆后成深10 mm左右的缩口缝。

"一带二"是用大铲铲取砂浆，大铲即将向下落灰前，右手持砖伸到落灰的位置，当砂浆向下落时，砖顺面的一端也落上少许砂浆，这样砖放到的位置便有了碰头灰，砂浆落下后，应用大铲摊一下。

4. 挤揉

挤揉时将砖落在砖长（宽）约2/3砂浆条处，平摊高出灰缝厚度的砂浆，推挤入竖缝内。挤浆时用手指夹持砖产生微颤，压薄砂浆。接刮余浆与挤浆同步进行，由后向前，检查砖下棱对齐情况，如有偏差及时调整。竖缝不严时，刮余浆后随即填入。

二、考核检测

项次	项目	检验方法	分值	得分
1	步法1	目测	20	
2	步法2	目测	20	
3	弯腰姿势1	目测	10	
4	弯腰姿势2	目测	10	
5	弯腰姿势3	目测	10	
6	铺灰手法	目测	10	
7	挤浆动作	目测	20	

三、课后习题

简述"二三八一"砌砖法中各数字代表的含义。并谈谈在练习过程中的体会和难点。

第三节　"摊尺"铺灰法
——以 1 m 二四墙的砌筑为例

学习任务：学习摊尺铺灰砌筑法。
学习目标：
（1）掌握摊尺铺灰法的砌筑方法。
（2）熟练铺灰动作。
材料及工具：标准砖、砂浆（水泥、砂、水）、外加剂等。摊灰尺、灰铲、灰斗、施工线若干、墨斗、水桶、铁锹、砂浆搅拌机等。

一、"摊尺"铺灰法操作工艺和方法

摊尺铺灰法又称坐灰砌砖法，它是利用摊尺来控制摊铺砂浆的厚度。

操作时，人站立的位置以距离墙面10~15 cm为宜，左脚在前，右脚在后，人斜对墙面，砌筑时随着砌筑前进方向退着走，每退一步可砌3~4块顺砖长。

砌筑时，先转身用双手拿灰勺取砂浆，把砂浆均匀地倒在墙上，每次砂浆摊铺长度不宜超过1 m。

取好砂浆后的灰勺，放在下次取用砂浆的灰斗中，再转过身来，左手拿摊尺，平搁在砖墙的边棱上，右手拿瓦刀刮平砂浆（图3-7）。

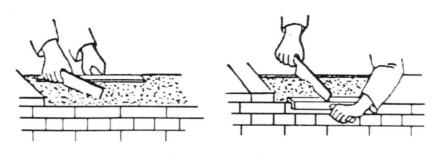

图 3-7　"摊尺"铺灰

在砌砖时，右手握瓦刀，左手拿砖，批好竖缝，随即砌上，看齐、放平、摆正。砌完一段后，将瓦刀放在最后一块砌好的砖上，转身再取砂浆，如此反复砌筑。

在砌砖时，不允许在摆平后的砂浆中刮取竖缝浆，以免影响水平灰缝的砂浆饱满度。摊尺铺灰法适合于砌门窗洞口较多的墙体或独立柱等。

二、考核检测

项次	项目	检验方法	分值	得分
1	摊灰尺的使用	目测	20	
2	铺灰的厚度	目测	20	
3	铺灰的均匀程度	目测	20	
4	步法	目测	20	
5	手法	目测	20	

三、课后习题

思考为何每次摊铺砂浆的长度不宜超过 1 m？

第四节 "满口"灰法
——以 1 m 二四墙的砌筑为例

学习任务： 学习"满口"灰砌筑法。
学习目标： 掌握"满口"灰砌筑法的操作方法。
材料及工具： 标准砖、砂浆（水泥、砂、水）、外加剂等。灰铲、灰斗、施工线若干、墨斗、水桶、铁锹、砂浆搅拌机等。

一、"满口"灰法操作工艺和方法

"满口"灰法即是用瓦刀铲起砂浆刮在砖上面，对准位置砌砖，其刮砂浆具体步骤如图 3-8 所示。这种方法因砌筑效率低，仅用于砌砖拱、窗台、炉灶等特殊部位。

二、考核检测

项次	项目	检验方法	分值	得分
1	握砖姿势	目测	30	
2	刮灰动作	目测	30	
3	灰饱满程度	目测	40	

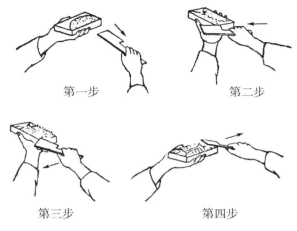

第一步　　　　　　　　　第二步

第三步　　　　　　　　　第四步

图 3-8　满口灰法

三、课后习题

1. 思考本操作砂浆的量如何控制?
2. 这种方法为何目前在工程施工中应用很少?

项目四　砌体的组砌方式

● **项目目标**

　　知识目标：掌握砌体的各种组砌方式。

　　技能目标：能够正确利用砌体的组砌方式进行砌体的砌筑。

第一节　墙体的组砌方式

学习任务：学习墙体的组砌方式。

学习目标：

（1）掌握二四墙的组砌方法。

（2）熟悉三七墙的组砌方法。

材料及工具：标准砖、卷尺。

教学方法：现场干摆砖操作。

一、墙体的组砌

1. 二四墙的组砌方式（图 4-1 至图 4-5）

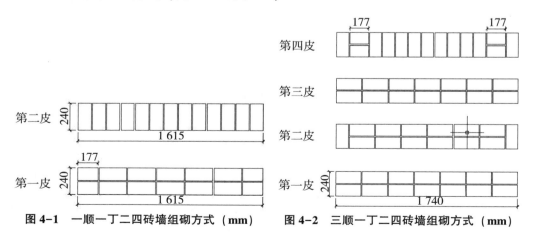

图 4-1　一顺一丁二四砖墙组砌方式（mm）　　图 4-2　三顺一丁二四砖墙组砌方式（mm）

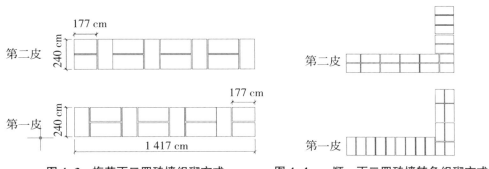

图 4-3　梅花丁二四砖墙组砌方式　　　图 4-4　一顺一丁二四砖墙转角组砌方式

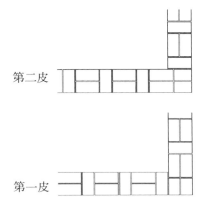

图 4-5　梅花丁二四砖墙转角组砌方式

2. 三七墙的组砌方式（图 4-6）

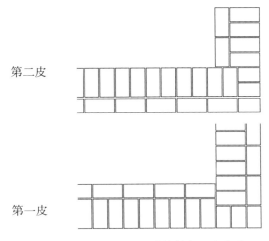

图 4-6　一顺一丁三七砖墙转角组砌方式

二、考核检测

项次	项目	检验方法	分值	得分
1	二四梅花丁墙的组砌形式	目测	20	
2	二四三顺一丁墙的组砌形式	目测	20	
3	二四一顺一丁墙的组砌形式	目测	20	
4	一顺一丁二四墙带转角的组砌形式	目测	20	
5	一顺一丁三七墙带转角的组砌形式	目测	10	
6	梅花丁砖墙带转角的组砌形式	目测	10	

三、课后习题

1. 思考每种墙体是否还有其他的组砌方式。
2. 进行四九墙的干砖试摆。
3. 进行 3/4 墙的干砖试摆。

第二节　柱的组砌方式

学习任务：学习柱子的组砌方式。
学习目标：
（1）熟悉并掌握各种砖柱的组砌方法。
（2）了解错误的组砌方式。
材料及工具：标准砖、卷尺。
教学方法：现场干摆砖操作。

一、柱的组砌

见图 4-7 至图 4-12。
1. 240×240 柱

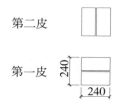

图 4-7　二四砖柱组砌方式（mm）

2. 370×370 柱

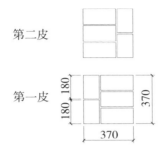

图 4-8 三七砖柱组砌方式（mm）

3. 490×490 柱

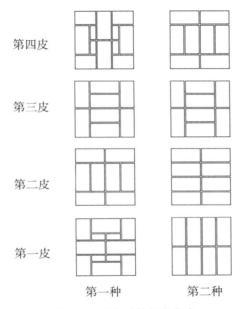

第一种　　　　第二种

图 4-9 四九砖柱组砌方式

4. 240×370 柱

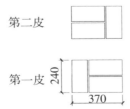

图 4-10 240×370 柱组砌方式砖柱组砌方式（mm）

5. 370×490 柱

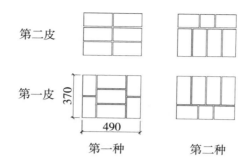

图 4-11　370×490柱组砌方式砖柱组砌方式（mm）

6. 错误组砌方式

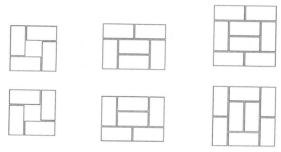

图 4-12　几种断面的砖柱包心砌法

二、考核检测

项次	项目	检验方法	分值	得分
1	240×240 柱的组砌形式	目测	10	
2	240×240 柱摆砖后的尺寸	实测实量	10	
3	370×370 柱的组砌形式	目测	10	
4	370×370 柱摆砖后的尺寸	实测实量	10	
5	490×490 柱的组砌形式	目测	10	
6	490×490 柱摆砖后的尺寸	实测实量	10	
7	240×370 柱的组砌形式	目测	10	
8	240×370 柱摆砖后的尺寸	实测实量	10	
9	370×490 柱的组砌形式	目测	10	
10	370×490 柱摆砖后的尺寸	实测实量	10	

三、课后习题

为何不能用包心砌法砌筑砖柱？

项目五　墙体的砌筑

◉ 项目目标

知识目标：掌握墙体砌筑的工艺和方法，熟悉墙体的各种构造要求。熟悉并掌握墙体砌筑过程中的质量控制措施及质量检测的内容、方法和标准。

技能目标：能够进行各种墙体的砌筑，并能进行检测。

第一节　直段墙

学习任务：

砌筑长 1 m 高 1.2 m 的二四墙，如图 5-1 所示。

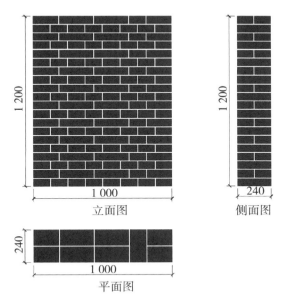

图 5-1　平面图、立面图、侧面图（mm）

学习目标：

（1）重点掌握砖砌体砌筑的工艺方法。

（2）熟悉砖墙的组砌形式。

（3）了解砖砌体的质量控制、检测内容及方法。

材料及工具： 标准砖、砂浆（水泥、砂、水）、外加剂。灰铲、灰斗、靠尺、线锤、水平尺、皮数杆、卷尺、施工线若干、红蓝铅笔、墨斗、水桶、铁锹、砂浆搅拌机等。

一、直段墙操作工艺和方法

1. 抄平放线

砌墙前先在地面上定出标高，并用水泥砂浆找平，然后弹出墙身轴线、边线及起始位置线。如图 5-2 所示。

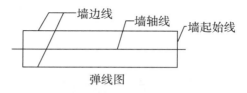

图 5-2　抄平放线

2. 撂底

在放线的基面上按丁砖的组砌方式用干砖试摆。目的是校对是否符合模数，以便借助灰缝进行调整，使砖的排列和砖缝宽度均匀，提高砌砖效率。如图 5-3 所示。

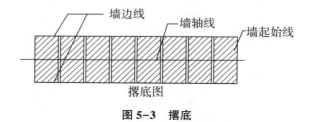

图 5-3　撂底

3. 立皮数杆

皮数杆是画有每皮砖和灰缝厚度，以及门窗洞口、过梁、楼板等的标高，用来控制墙体竖向尺寸以及各部件标高的标志杆。砌筑时用来控制墙体竖向尺寸和标高，并保证灰缝厚度的均匀性。本任务在墙体的两端设置皮数杆，皮数杆上仅画有每皮砖厚度和灰缝的厚度，用来控制每皮的标高和灰缝的厚度。

4. 砌筑两端（盘角）

墙头是控制直墙墙面横平竖直的主要依据，所以，砌筑时应先砌两边墙头，墙头砖层高度必须与皮数杆相符合，做到"三皮一吊，五皮一靠"。墙头必须双向垂直。

5. 挂线

墙头砌好后，即可挂施工线，作为砌筑中间墙体的依据，以保证灰缝平直、墙面平整。挂线有单面挂线和双面挂线，二四墙以下的，单面挂线即可。本项目砌筑时采用正手单面挂线。

6. 砌筑

砌墙采用"三一"砌砖法砌筑。这种砌法的优点是灰缝容易饱满、黏结力好、墙面整洁。

7. 勾缝

勾缝是清水砖墙的最后一道工序，具有保护墙面和增加墙面美观度的作用。采用砌筑砂浆随砌随勾缝，称为原浆勾缝。为了确保勾缝质量，勾缝前应清除墙面黏结的砂浆和杂物，并洒水润湿。本项目勾缝形式采用凹平缝，深度 5 mm。

二、考核检测

项次	项目	检验方法	分值	得分
1	放线	过程目测，操作方法和平面位置	10	
2	撂底	过程目测，砖和灰缝是否符合模数	10	
3	立皮数杆	检测皮数杆平面位置和刻度	20	
4	盘角砌法	目测流程："三皮一吊，五皮一靠"	10	
5	挂线	检测挂线位置	10	
6	砌筑	目测步法、身法、手法	10	
7	勾缝	目测勾缝手法、深度、平整度、光洁度	10	
8	墙体长度	实量实测	10	
9	墙体高度	实量实测	10	

三、课后习题

1. 填空

砖墙的水平灰缝和竖向灰缝宽度一般为_____mm，但不小于_____mm，也不应大于_____mm。水平灰缝的砂浆饱满度不得低于_____%，竖向灰缝宜采用挤浆或加浆方法，使其砂浆饱满，严禁用水冲浆灌缝。

2. 简答题

简述砌体的施工工艺过程。

第二节　带斜槎的墙体

学习任务：砌高 1.2 m 留斜槎的二四墙，如图 5-4 所示。

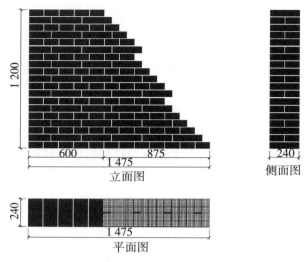

图 5-4　带斜槎的墙体平面图、立面图、侧面图（mm）

学习目标：

（1）重点掌握留斜槎墙体的砌筑方法。

（2）进一步熟练砌体砌筑的工艺方法。

（3）了解砌体质量的控制和检测内容及方法。

材料及工具：标准砖、砂浆（水泥、砂、水）、外加剂。灰铲、灰斗、靠尺、线锤、水平尺、皮数杆、卷尺、施工线若干、红蓝铅笔、墨斗、水桶、铁锹、砂浆搅拌机等。

一、带斜槎的墙体操作工艺和方法

1. 抄平放线

砌墙前先在地面上定出标高，并用水泥砂浆找平，然后弹出墙身轴线、边线、第一皮砖的起始位置及斜槎的起始位置。斜槎长度为 875 mm，大于墙高的 2/3（墙高 $1.2 \times 2/3 = 800$ mm，不符合砖 $115 + 10 = 125$ mm 的模数，所以斜槎长度 $= 125 \times 7 = 875$ mm）。如图 5-5 所示。

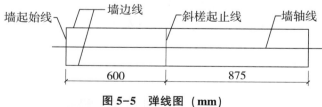

图 5-5　弹线图（mm）

2. 撂底

在放线的基面上按丁砖的组砌方式用干砖试撂，调整灰缝，使砖排列时砖缝宽度均匀，砖缝宽度不小于 8 mm，不大于 12 mm。如图 5-6 所示。

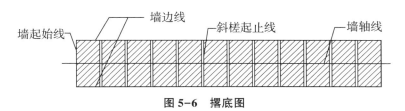

图 5-6　撂底图

3. 立皮数杆

皮数杆设置在墙体的两端，其上画出每皮砖和灰缝厚度，以及留槎位置等的标高，用来控制墙体竖向尺寸以及标高。砌筑时用来控制墙体竖向尺寸和竖向标高，并保证灰缝厚度的均匀性。本项目重点控制斜槎位置标高。

4. 盘角

墙头是控制直墙墙面横平竖直的主要依据，所以，砌筑时应先砌墙头，墙头砖层高度必须与皮数杆相符合，做到"三皮一吊，五皮一靠"。墙头必须双向垂直。本项目两头先砌三皮砖，左侧墙头第一皮为两块丁砖，第二皮为七分顺砖，第三皮为一块丁砖；右侧墙头第一皮为三块丁砖，第二皮为顺转，缩进 1/4 砖长，第三皮为一块丁砖，缩进 1/4 砖长。

5. 挂线

墙头砌好后，单面挂好施工线，特别是右侧的墙体挂线，位置随斜槎变动，要处理好位置，以保证灰缝平直、墙面平整。

6. 砌筑

（1）砌中间墙，采用"三一"砌砖法砌筑。

（2）砌筑顺序就是先砌两头，挂线，再砌中间，砌筑时砖的上棱边要与准线约离 1 mm，这样每批砖依次交替进行。

7. 勾缝

本项目采用原浆勾缝。勾缝形式是斜缝，深度 5 mm。要随砌筑随勾缝，适时完成勾缝。为了确保勾缝质量，勾缝前应清除墙面黏结的砂浆和杂物，并洒水润湿。

二、考核检测

项次	项目	检验方法	分值	得分
1	放线	现场目测，操作方法和平面位置	10	
2	撂底	现场目测，砖和灰缝是否符合模数	10	
3	立皮数杆	检测皮数杆平面位置和刻度	10	

（续表）

项次	项目	检验方法	分值	得分
4	盘角砌法	目测流程："三皮一吊，五皮一靠"	10	
5	挂线	检测挂线位置	10	
6	砌筑	目测步法、身法、手法	10	
7	勾缝	目测勾缝手法，深度、平整度、光洁度	10	
8	墙体长度	实量实测	10	
9	墙体高度	实量实测	10	
10	斜槎长度	实量实测	5	
11	墙体垂直度	实量实测	5	

三、课后习题

1. 填空

砖墙的转角处和交接处应同时砌筑。对不能同时砌筑而又必须留槎时，应砌成____
____槎，斜槎长度不应小于高度的_____，斜槎高度不得超过_____高。

2. 思考题

斜槎的使用范围是什么？

第三节　带直槎的墙体

学习任务：砌 1.2 m 高留直槎的二四墙，如图 5-7 所示。

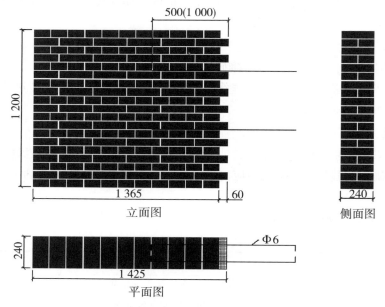

图 5-7　带直槎的墙体平面图、立面图、侧面图（mm）

学习目标：

（1）重点掌握留直槎砌体的砌筑方法。

（2）进一步熟练砌体砌筑的工艺方法。

（3）熟悉砌体的质量控制和检测内容及方法。

材料及工具：标准砖、砂浆（水泥、砂、水）、外加剂、4Φ6钢筋。灰铲、灰斗、靠尺、线锤、水平尺、皮数杆、卷尺、施工线若干、红蓝铅笔、墨斗、水桶、铁锹、砂浆搅拌机等。

一、带直槎的墙体操作工艺和方法

1. 抄平放线

砌墙前先在地面上定出标高，并用水泥砂浆找平，然后弹出墙身轴线、边线及起始位置线。如图5-8所示。

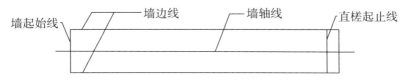

图5-8 带直槎的墙体弹线图

2. 撂底

在放线的基面上按丁砖的组砌方式用干砖试摆。校对墙是否符合模数，以便借助灰缝进行调整，使砖的排列和砖缝宽度均匀，提高砌砖效率和质量。如图5-9所示。

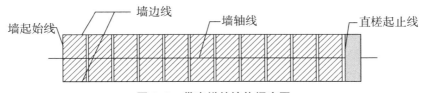

图5-9 带直槎的墙体撂底图

3. 立皮数杆

在墙体的两端设置皮数杆，皮数杆上画出每皮砖和灰缝厚度，以及拉结筋的位置等标高。砌筑时用来控制墙体竖向尺寸和竖向标高等，并保证灰缝厚度的均匀性。本项目要重点控制拉结筋的标高及加拉结筋后灰缝的厚度。

4. 砌筑两端（盘角）

墙头是控制直墙墙面横平竖直的主要依据，所以，砌筑时应先砌墙头，墙头砖层高度必须与皮数杆相符合，做到"三皮一吊，五皮一靠"，墙头必须双向垂直。本项目左侧盘角做法为第一皮砌丁砖两块，第二皮砌七分头的顺砖，第三皮砌丁砖一块；右侧做法为第一皮砌丁砖两块，第二皮砌整块顺砖并凸出1/4砖长，第三皮砌丁砖一块。

5. 挂线

墙头砌好后，即可挂施工线，单面挂线即可。左侧施工线挂在墙头，右侧直槎要注意调整好挂线的位置和标高，以保证灰缝平直、墙面平整。

6. 砌筑

（1）采用"三一"砌砖法砌筑。砌筑时砖的上棱边要与准线约离 1 mm。

（2）本项目采用一顺一丁的组砌形式，第一皮丁砖，第二皮顺砖。

（3）砌筑时墙体右侧留直槎，顺砖的右侧凸出 1/4 砖长形成直凸槎，即阳槎。墙体中设置 2Φ6 的拉结筋间距沿墙高不应超过 500 mm 即 8 皮砖，埋入长度从留槎处算起每边均不应小于 500 mm（1 000 mm），钢筋末端留有 90°弯钩。如图 5-10 所示。

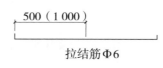

拉结筋Φ6

图 5-10　砌体拉结筋图（mm）

7. 勾缝

勾缝是清水砖墙的最后一道工序，具有保护墙面和增加墙面美观的作用。本项目勾缝采用原浆勾缝，勾缝形式是圆缝。砌筑时随砌随勾缝，适时完成勾缝工序。为了确保勾缝质量，勾缝前应清除墙面黏结的砂浆和杂物，并洒水润湿。

二、考核检测

项次	项目	检验方法	分值	得分
1	放线	现场目测，操作方法和平面位置	5	
2	摆底	现场目测，砖和灰缝是否符合模数	5	
3	立皮数杆	检测皮数杆平面位置和刻度	5	
4	盘角砌法	目测流程："三皮一吊，五皮一靠"	5	
5	挂线	检测挂线位置	10	
6	砌筑	目测步法、身法、手法	10	
7	勾缝	目测勾缝手法、深度、平整度、光洁度	10	
8	墙体长度	实量实测	10	
9	墙体高度	实量实测	10	
10	直槎	实量实测	10	
11	拉结筋	实测实量	5	
12	墙体垂直度	实量实测	5	
13	墙体平整度	实量实测	10	

三、课后习题

1. 填空

拉结筋的数量为每 120mm 墙厚放置＿＿＿＿拉结钢筋，120mm 厚墙放置 2Φ6 拉结钢筋间距沿墙高不应超过＿＿＿＿mm，埋入长度从留槎处算起每边均不应小于＿＿＿＿mm，对抗震设防烈度为 6 度、7 度的地区，不应小于＿＿＿＿mm，末端应有＿＿＿＿弯钩。

2. 思考题

直槎和斜槎有什么区别？在应用上有何不同？

第四节 带构造柱的墙体

学习任务：砌一段 1.2 m 高，留构造柱马牙槎的二四墙。如图 5-11 所示。

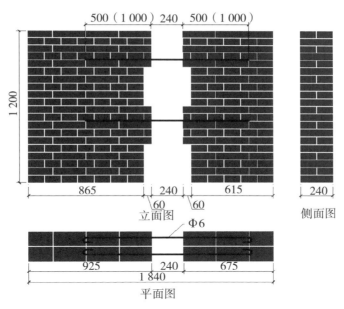

图 5-11 带构造柱墙体的平面图、立面图、侧面图（mm）

学习目标：

(1) 重点掌握构造柱处马牙槎的砌体的砌筑方法。

(2) 进一步熟练砌体砌筑的工艺方法。

(3) 熟悉砌体质量的控制和检测内容及方法。

材料及工具：标准砖、砂浆（水泥、砂、水）、外加剂、直径 6 mm 的钢筋等，所需工具有灰铲、勾缝铲、灰斗、靠尺、线锤、水平尺、皮数杆、卷尺、施工线若干、红蓝铅笔、墨斗、水桶、铁锹、砂浆搅拌机等。

一、带构造柱的墙体操作工艺和方法

1. 抄平放线

在地面上定出标高，并用水泥砂浆找平，然后弹出墙身轴线、边线，构造柱的轴线、边线，构造柱两侧墙体的起始线（马牙槎的位置起止线）。如图 5-12 所示。

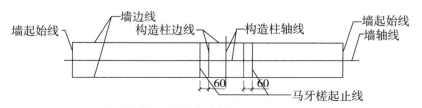

图 5-12　带构造柱的墙体弹线图（mm）

2. 撂底

在基面上按一顺一丁的组砌方式用干砖试摆，按规定第一批砖用丁砖，调整灰缝，使砖的排列和砖缝宽度均匀，砖缝宽度不小于 8 mm，不大于 12 mm。如图 5-13 所示。

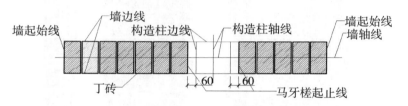

图 5-13　带构造柱的墙体撂底图（mm）

3. 立皮数杆

皮数杆设置在墙体的两端。其上画出每皮砖和灰缝厚度，标注马牙槎的位置标高，用来控制墙体竖向尺寸及标高，特别是马牙槎的标高。并保证灰缝厚度的均匀性。

4. 盘角

墙头是控制墙面横平竖直的主要依据。砌筑时应先砌两边墙头，墙头砖层高度必须与皮数杆相符合，做到"三皮一吊，五皮一靠"。墙头必须双向垂直，阳角方正。

5. 挂线

墙头砌好后，挂施工线，采用单面挂线即可。用以保证灰缝平直、墙面平整。本项目因有构造柱，墙体分为两端，挂线就尤为重要。

6. 砌筑

（1）砌墙采用"三一"砌砖法砌筑。

（2）砌筑时做到砖的上棱边要与准线约离 1 mm，下棱边要与下层已砌好的砖棱对平，左右前后位置要准。即"上跟线下跟棱，左右相邻要对平"。

（3）马牙槎的处理：砌筑与构造柱连接的砌体时，柱的边缘应砌出 5 退 5 进的大马牙槎，要先退后进，退进 60 mm，同时，还必须每砌筑 8 皮砖放置 2 根直径 6 mm 的拉结筋，钢筋两端弯成 180° 的弯钩，钢筋两端压在墙里面的长度各为 500 mm 或 1 000 mm。拉结筋如图 5-14 所示。

图 5-14　带构造柱的墙体拉结筋（mm）

7. 勾缝

采用砌筑砂浆原浆勾缝，随砌随勾缝，勾凹平缝，缝深 5mm。勾缝前应清除墙面黏结的砂浆和杂物，并洒水润湿。要做到勾缝深浅一致，平整，有一定光洁度。

二、考核检测

项次	项目	检验方法	分值	得分
1	放线	现场目测，操作方法和平面位置	5	
2	撂底	现场目测，砖和灰缝是否符合模数	5	
3	立皮数杆	检测皮数杆平面位置和刻度	5	
4	盘角砌法	目测流程："三皮一吊，五皮一靠"	5	
5	挂线	检测挂线位置	5	
6	砌筑	目测步法、身法、手法	5	
7	勾缝	目测勾缝手法，深度、平整度、光洁度	10	
8	墙体长度	实量实测	10	
9	墙体高度	实量实测	10	
10	马牙槎	实量实测	10	
11	拉结筋	实测实量	10	
12	墙体垂直度	实量实测	10	
13	墙体平整度	实量实测	5	
14	灰缝饱满度	实量实测	5	

三、课后习题

1. 填空

砌筑与构造柱连接的砌体时，柱的边缘应砌出_____退_____进的大马牙槎，要先_____后_____，退进_____mm，同时，还必须每砌筑_____皮砖放置

_____根直径_____的拉结筋，钢筋两端弯成_____度的弯钩，钢筋两端压在墙里面的长度各为 _____mm 或 _____ mm。

2. 思考题

砌筑与构造柱连接的砌体时，为何应砌成大马牙槎。马牙槎砌成4退4进可以吗？

第五节　带洞口、墙垛的墙体

学习任务：砌筑高1.2 m长2 m带墙垛、洞口、留有直槎的墙体。如图5-15所示。

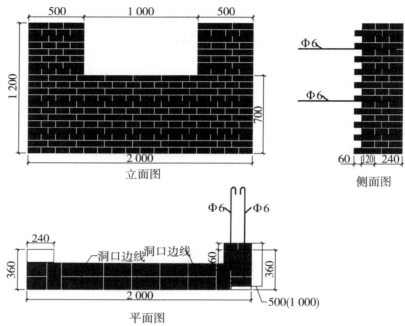

图5-15　带洞口、墙垛的墙体平面图、立面图、侧面图（mm）

学习目标：

（1）掌握带墙垛、洞口、直槎墙体的砌筑工艺方法。

（2）熟悉砌体质量的控制和检测内容和方法。

材料及工具：标准砖、砂浆（水泥、砂、水）、外加剂、Φ6 钢筋等。灰铲、勾缝铲、灰斗、靠尺、线锤、水平尺、皮数杆、卷尺、施工线若干、红蓝铅笔、墨斗、水桶、铁锹、砂浆搅拌机等。

一、带洞口、墙垛的墙体操作工艺和方法

1. 抄平放线

在地面上定出标高，并找平，然后弹出墙身轴线、边线，洞口的起止线，墙垛的轴线、边线，直槎的起止线。如图5-16所示。

图 5-16　带洞口、墙垛的墙体弹线图

2. 撂底

在基面上按一顺一丁的组砌方式用干砖试摆，按规定第一批砖用丁砖，左边墙垛用四块七分头丁砖试摆。右边墙垛留有直槎，用两块七分头丁砖错缝，两块整砖丁摆形成直槎且为凸槎，凸出 1/4 砖长。第二皮砖两端用七分头砖形成错缝，中间摆顺砖，为了满足本项目尺寸的要求用丁砖调节尺寸。调整灰缝，使砖的排列和砖缝宽度均匀，砖缝宽度不小于 8 mm，不大于 12 mm。如图 5-17 所示。

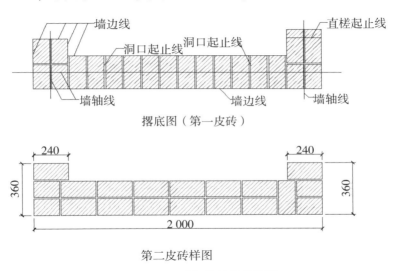

撂底图（第一皮砖）

第二皮砖样图

图 5-17　带洞口、墙垛的墙体弹线图（mm）

3. 立皮数杆

皮数杆设置在墙体的两端。其上画出每皮砖和灰缝厚度，标注窗洞、拉结筋的标高，用来控制墙体竖向尺寸及标高，并保证灰缝厚度的均匀性。本项目特别是洞口的标高，拉结筋的位置，需要重点注意。

4. 砌筑两端（盘角）

砌筑时先砌两边墙头，作为控制墙面横平竖直的主要依据。墙头砖层高度必须与皮数杆相符合，做到"三皮一吊，五皮一靠"。带垛的墙头必须双向垂直，阴阳角方正。本项目按照撂底图砌两端时，左侧第一皮砌四块七分头丁砖，第二皮砌两块七分头顺砖，墙垛处砌整块顺砖。第三皮砌两块七分头丁砖。右侧第一皮砌两块七分头丁砖、两块整砖丁砖，控制好尺寸，因右侧是留的直槎，比左侧墙垛凸出 1/4 砖长，第二皮砌两块七分头顺砖，墙垛处砌整块顺砖，第三皮砌一块七分头丁砖、一块整砖丁砖。

5. 挂线

墙头砌好后，挂施工线，采用单面挂线即可。本项目因洞口把墙体分成上下两部分，左右两端，挂线的质量和作用尤为突出，一定要处理好。

6. 砌筑

（1）砌墙采用"三一"砌砖法砌筑。砌筑时做到"上跟线下跟棱，左右相邻要对平"。砖的上棱边要与准线约离 1 mm，下棱边要与下层已砌好的砖棱对齐，左右前后位置要准。

（2）直槎的处理。按照盘角的顺序依次来砌筑直槎，形成凸槎且凸出 1/4 砖长，墙体中设置 2Φ6 的拉结筋，间距沿墙高不应超过 500 mm 即 8 皮砖，伸出墙体长度从留槎处算起每边均不应小于 500 mm（1 000 mm），钢筋末端留有 180°弯钩。砌入墙体的长度因墙垛尺寸小于 500 mm（1 000 mm），将钢筋弯折 90°弯钩，以满足埋入长度不小于 500 mm（1 000 mm）的要求，末端弯折 180°弯钩，如图 5-18 所示。

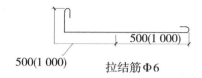

图 5-18　带洞口、墙垛的墙体拉筋图（mm）

（3）洞口的处理。本项目砌到第十二皮砖高为 700 mm 时，开始洞口的砌筑。第十三皮砖的砌筑形式如图 5-19 所示，左侧墙垛砌 4 块七分头丁砖，墙身砌两块丁砖。右侧墙垛砌两块七分头丁砖，两块整砖丁砌，形成凸槎，墙身砌两块丁砖。第十四皮砖如图 5-19 所示，为满足尺寸要求，左侧墙垛墙身位置两块七分头砖顺砌错缝，墙垛处一块顺砖，墙体先砌一块丁砖再砌两块顺砖。洞口右侧同左侧。依次交替进行砌洞口两侧的墙。

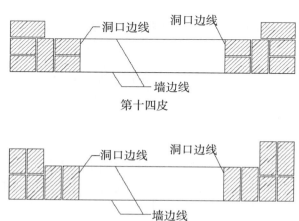

图 5-19　洞口留置

7. 勾缝

为了确保勾缝质量，勾缝前应清除墙面黏结的砂浆和杂物，并洒水润湿。本项目采用砌筑砂浆进行原浆勾缝，随砌随勾缝，勾缝可勾成平缝、凹缝、圆缝中的任意一种，达到训练的目的。

二、考核检测

项次	项目	检验方法	分值	得分
1	放线	现场目测，操作方法和平面位置	5	
2	撂底	现场目测，砖和灰缝是否符合模数	5	
3	立皮数杆	检测皮数杆平面位置和刻度	5	
4	盘角砌法	目测流程："三皮一吊，五皮一靠"	5	
5	挂线	检测挂线位置	5	
6	砌筑	目测步法、身法、手法	5	
7	勾缝	目测勾缝手法，深度、平整度、光洁度	5	
8	墙体长度	实量实测	5	
9	墙体高度	实量实测	5	
10	直槎	实量实测	5	
11	拉结筋	实测实量	10	
12	墙体垂直度	实量实测	10	
13	墙体平整度	实量实测	10	
14	灰缝饱满度	实量实测	10	
15	灰缝水平度	实量实测	5	
16	阴阳角方正	实量实测	5	

三、课后习题

当墙体带有墙垛、门洞时，在砌体撂底组砌时有何难点？

第六节　带过梁的墙体

分类一　带平拱过梁的墙体

学习任务：砌 1.2 m 长、240 mm 厚的墙体中门洞口上平拱过梁。如图 5-20、图 5-

21 所示。

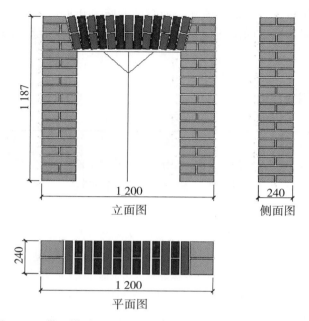

图 5-20　带平拱过梁墙体的平面图、立面图、侧面图（mm）

图 5-21　平拱式过梁效果图

学习目标：

（1）重点掌握砖砌平拱过梁的砌筑方法。

（2）进一步熟练砌体砌筑的工艺方法。

（3）了解砖砌平拱质量的控制和检测的工艺方法。

　　材料及工具：标准砖、砂浆（水泥、砂、水）、外加剂。灰铲、灰斗、靠尺、线锤、水平尺、皮数杆，卷尺、施工线若干、红蓝铅笔、墨斗、水桶、铁锹、砂浆搅拌机、旋胎板。

一、平拱式过梁操作工艺和方法

1. 抄平放线

砌墙前先在地面上定出标高，用水泥砂浆找平，然后弹出墙身轴线、边线、第一皮砖的起始位置及门洞口位置。如图 5-22 所示。

图 5-22 平拱式过梁弹线图（mm）

2. 撂底

在放线的基面上按照顺砖的组砌方式用干砖试摆，调整灰缝，使砖排列时砖缝宽度均匀，砖缝宽度不小于 8 mm，不大于 12 mm。如图 5-23 所示。

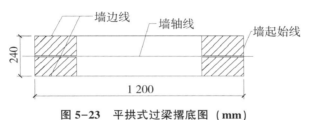

图 5-23 平拱式过梁撂底图（mm）

3. 立皮数杆

皮数杆设置在墙体两端，其上画出每皮砖和灰缝厚度，以及平拱过梁等的标高位置，用来控制墙体竖向尺寸及标高，并保证灰缝厚度。

4. 盘角

先砌两侧砖，两侧砖层高度必须与皮数杆相符合，做到"三皮一吊、五皮一靠"。先顺后丁，一顺一丁。每隔三皮砖用卷尺检查两侧墙体高度及尺寸。

5. 挂线

单面挂好施工线保证两侧墙体在同一标高及同一竖直面内。

6. 砌筑门洞两侧墙体

采用"三一"砌筑法，先砌两头，再砌中间，砌筑时砖的上棱边要与准线约离 1 mm。

7. 砌筑平拱过梁

（1）当砌砖至门洞口标高位置时，即开始砌拱脚，拱脚用砖事先砍好，砌第一皮拱脚时，后退 2 cm，以后各皮砖砍好砖的斜面向上砌筑，砌拱为一砖时，倾斜 4 ~ 5 cm，一砖半时为 6~7 cm，斜度 $\frac{1}{6}$ ~ $\frac{1}{4}$。本题为一砖平拱。

（2）拱脚砌好后，即可支旋胎板，上铺砂浆，中部厚度约 2 cm，两端厚度约 0.5 cm，使平拱中部有 1/100 的起拱。

（3）砌砖前要先行试摆，以确定砖数和灰缝大小，砖数必须为单数，灰缝底宽 0.5 cm，顶宽 1.5 cm，以保证平拱砖过梁上大下小呈梯形，受力好。

（4）砌筑时，应自两边拱脚处同时向中间砌筑，采用满口灰法左右交替对称砌筑。注意每皮砖的倾斜角度、错缝及灰缝的饱满度。如图 5-24 所示。

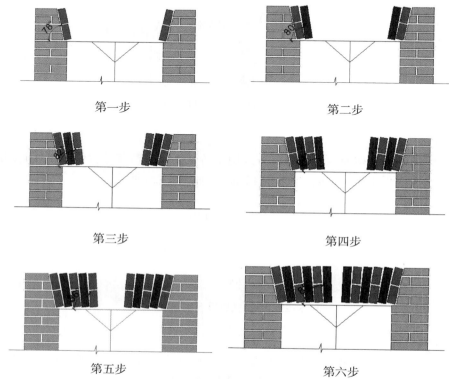

图 5-24　平拱式过梁砌筑操作图一

（5）正中一块可以起到楔子作用，砌筑时，先在基层两侧甩上一层砂浆，然后采用满口灰法砌筑，用手揉压挤浆，直到砂浆溢出。砌好后，应再次进行灰缝灌浆，以使灰缝饱满。待砂浆强度达到设计强度等级强度的 50% 以上时，方可拆除下部支撑板。如图 5-25 所示。

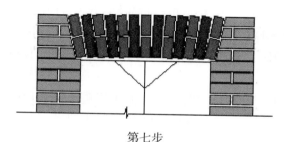

图 5-25　平拱式过梁砌筑操作图二

8. 勾缝

本项目采用原浆勾缝。勾缝形式是斜缝，深度 5 mm。要随砌筑随勾缝，适时完成勾缝。为保证勾缝质量，勾缝前应清除墙面黏结的砂浆和杂物，并洒水湿润。

二、考核检测

项次	项目	检验方法	分值	得分
两侧墙体	平整度	塞尺	10	
	垂直度	垂直检测尺	10	
	墙体尺寸	卷尺丈量	10	
	灰缝厚度	卷尺丈量	10	
平拱过梁	灰缝饱满度	百格网	20	
	起拱	目测	20	
	拱脚深入墙内长度	卷尺丈量	20	

三、课后习题

1. 平拱过梁最大跨度的要求是什么？
2. 平拱过梁拱脚砌筑的要求是什么？
3. 平拱过梁起拱有什么要求？

附：过梁的质量要求

砖砌平拱过梁的灰缝应砌成楔形缝。灰缝的宽度，在过梁的底面不应小于 5 mm；在过梁的顶面不应大于 15 mm。拱脚下面应伸入墙内不小于 20 mm，拱底应有 1% 的起拱。多用于跨度为 1.2 m 以下、最大跨度不超过 1.8 m 的门窗洞口。如图 5-26 所示。

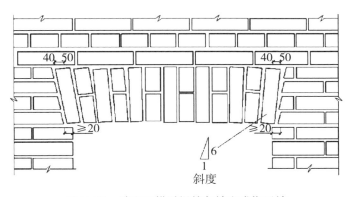

图 5-26　砖砌平拱过梁的灰缝砌成楔形缝

分类二　带弧拱过梁的墙体

学习任务：砌 1.2 m 长、240 mm 厚门洞口上弧拱过梁。如图 5-27、图 5-28 所示。

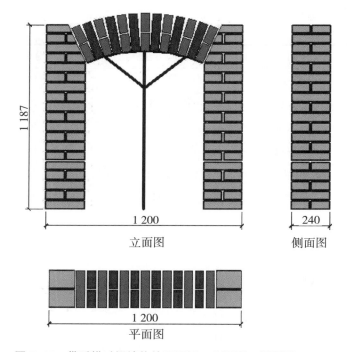

图 5-27　带弧拱过梁墙体的平面图、立面图、侧面图（mm）

图 5-28　弧拱式过梁效果图

学习目标：

（1）重点掌握砖砌弧拱过梁的砌筑方法。

（2）进一步熟练砌体砌筑的工艺方法。

（3）了解砖砌弧拱质量控制和检测的工艺方法。

　　材料及工具：标准砖、砂浆（水泥、砂、水）、外加剂。灰铲、灰斗、靠尺、线锤、水平尺、皮数杆，卷尺、施工线若干、红蓝铅笔、墨斗、水桶、铁锹、砂浆搅拌机、旋胎板。

一、弧拱式过梁操作工艺和方法

1. 抄平放线

　　砌墙前先在地面上定出标高，用水泥砂浆找平，然后弹出墙身轴线、边线、第一皮砖的起始位置及门洞口位置。如图 5-29 所示。

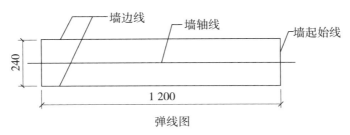

图 5-29　弧拱式过梁弹线图（mm）

2. 摆底

　　在放线的基面上按照顺砖的组砌方式用干砖试摆，调整灰缝，使砖的排列时砖缝宽度均匀，砖缝宽度不小于 8 mm，不大于 12 mm。如图 5-30 所示。

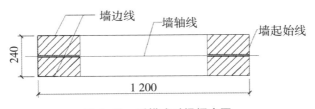

图 5-30　弧拱式过梁摆底图

3. 立皮数杆

　　皮数杆设置在墙体两端，其上画出每皮砖和灰缝厚度，以及弧拱过梁等的标高位置，用来控制墙体竖向尺寸及标高，并保证灰缝厚度。

4. 盘角

　　先砌两侧砖，两侧砖层高度必须与皮数杆相符合，做到"三皮一吊、五皮一靠"。先顺后丁，一顺一丁。每隔三皮砖用卷尺检查两侧墙体高度及尺寸。

5. 挂线

　　单面挂好施工线，保证两侧墙体在同一标高及同一竖直面内。

6. 砌筑门洞两侧墙体

　　采用"三一"砌筑法，先砌两头，再砌中间，砌筑时砖的上棱边要与准线约离

1 mm。

7. 砌筑弧拱过梁

（1）当砌砖至门洞口时，即开始砌拱脚，砌拱脚用的砖事先砍好，斜度为$\frac{1}{6}$~$\frac{1}{4}$。砍好的砖斜面向上砌筑，砌拱为一砖时，倾斜 4~5 cm，一砖半时为 6~7 cm。本题为一砖砖拱。

（2）拱脚砌好后，即可支旋胎板，上铺砂浆，厚度约 2 cm。

（3）砌砖前要先行试摆，以确定砖数和灰缝大小，砖数必须为单数，灰缝底宽 0.5~0.8 cm，顶宽 1.5~2.0 cm，弧拱的竖缝应放射状，竖缝应与胎膜面垂直。

（4）砌筑时，应自两边拱脚处同时向中间砌筑，采用满口灰法左右交替对称砌筑。砌筑时注意错缝，注意每皮砖的倾斜角度，并保证拱侧面的平整度和垂直度。如图 5-31 所示。

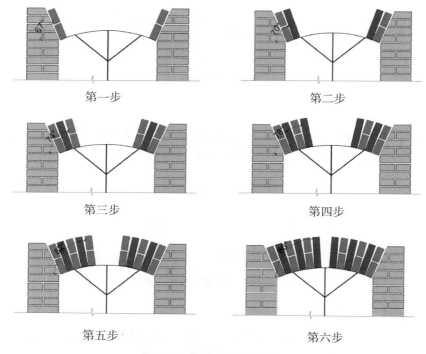

第一步　　　　　　　　　　第二步

第三步　　　　　　　　　　第四步

第五步　　　　　　　　　　第六步

图 5-31　砌筑弧拱过梁图一

（5）正中一块砖可以起到楔子作用，砌筑时，先在基层两侧甩上一层砂浆，然后采用"满口"灰法砌筑，用手揉压挤浆，直到砂浆溢出。砌好后，应再次进行灰缝灌浆，以使灰缝饱满。待砂浆强度达到设计强度等级强度的 50%以上时，方可拆除下部旋胎板。如图 5-32 所示。

8. 勾缝

本项目采用原浆勾缝。勾缝形式是斜缝，深度 5 mm。要随砌筑随勾缝，适时完成

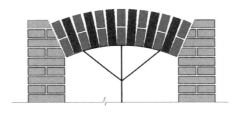

第七步

图 5-32　砌筑弧拱过梁图二

勾缝。为保证勾缝质量，勾缝前应清除墙面黏结的砂浆和杂物，并洒水湿润。

二、考核检测

项次	项目	检验方法	分值	得分
两侧墙体	平整度	塞尺	10	
	垂直度	垂直检测尺	10	
	墙体尺寸	卷尺丈量	10	
弧拱过梁	灰缝厚度	卷尺丈量	10	
	灰缝饱满度	百格网	20	
	起拱高度	卷尺丈量	20	
	拱脚坡度	量角尺	20	

三、课后习题

1. 弧拱过梁拱脚砌筑有什么要求？
2. 弧拱过梁砌筑时对灰缝厚度有什么要求？

分类三　带钢筋砖过梁的墙体

学习任务：砌 1.865 m 长、240 mm 厚门洞口上钢筋砖过梁。如图 5-33、图 5-34 所示。

学习目标：

（1）重点掌握钢筋砖过梁的砌筑方法。

（2）进一步熟练砌体砌筑的工艺方法。

（3）了解钢筋砖过梁质量控制和检测的工艺方法。

材料及工具：标准砖、砂浆（水泥、砂、水）、外加剂、直径 6 mm 的钢筋。灰铲、

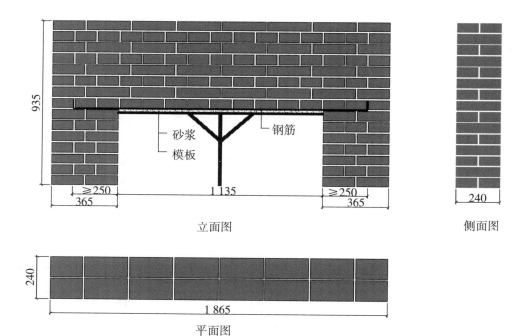

图 5-33　带钢筋砖过梁墙体的平面图、立面图、侧面图（mm）

图 5-34　钢筋砖过梁效果图

灰斗、靠尺、线锤、水平尺、皮数杆，卷尺、施工线若干、红蓝铅笔、墨斗、水桶、铁锹、砂浆搅拌机、旋胎板、钢筋钳。

一、钢筋砖过梁操作工艺和方法

1. 抄平放线

砌墙前先在地面上定出标高，用水泥砂浆找平，然后弹出墙身轴线、边线、第一皮砖的起始位置及门洞口位置。如图 5-35 所示。

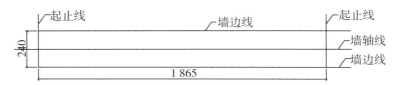

图 5-35　钢筋砖过梁放线图（mm）

2. 摆底

在放线的基面上按照一顺一丁，先顺后丁的组砌方式用干砖试摆，调整灰缝，使砖排列时砖缝宽度均匀，砖缝宽度不小于 8 mm，不大于 12 mm。如图 5-36 所示。

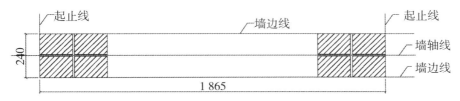

图 5-36　钢筋砖过梁摆底图（mm）

3. 立皮数杆

皮数杆设置在墙体两端，其上画出每皮砖和灰缝厚度，以及钢筋砖过梁等的标高位置，用来控制墙体竖向尺寸及标高，并保证灰缝厚度。

4. 盘角

先砌两侧砖，两侧砖层高度必须与皮数杆相符合，做到"三皮一吊、五皮一靠"。先丁砖再顺砖，一顺一丁。每隔三皮砖用卷尺检查两侧墙体高度及尺寸。

5. 挂线

单面挂好施工线，保证两侧墙体在同一标高及同一竖直面内。

6. 砌筑门洞两侧墙体

采用"三一"砌筑法，先砌两头，再砌中间，砌筑时砖的上棱边要与准线约离 1 mm。

7. 砌筑钢筋砖过梁

（1）墙砌至门洞口标高位置的时候，先支立旋胎板，洞口两侧墙应砌至高出洞后上缘标高 1.5~2 cm，旋胎板中部起拱高为跨度的 0.5%~1%。

（2）旋胎板支立平稳后，在其上面铺 3 cm 厚的 1∶3 水泥砂浆。

（3）底部需放置钢筋，直径为 6~8 mm，每半砖墙厚放置 1 根，但是不少于 3 根，两端伸入墙内不少于 24 mm，弯成直钩，弯钩向上。

（4）最后逐层砌砖，过梁范围内用一顺一丁砌法，最下一皮砖应为丁砖，砌筑时安照墙体砌筑的基本要求，保证过梁范围内砌体的平整度和垂直度。在灰缝砂浆强度达到设计强度的 50% 以上时，方可拆除旋胎板。

8. 勾缝

本项目采用原浆勾缝。勾缝形式是斜缝，深度 5 mm。要随砌筑随勾缝，适时完成勾缝。为保证勾缝质量，勾缝前应清除墙面黏结的砂浆和杂物，并洒水湿润。

二、考核检测

项次	项目	检验方法	分值	得分
两侧墙体	平整度	塞尺	10	
	垂直度	垂直检测尺	10	
	墙体尺寸	卷尺丈量	10	
	灰缝厚度	卷尺丈量	10	
钢筋砖过梁	灰缝饱满度	百格网	20	
	起拱高度	卷尺丈量	20	
	平整度	塞尺	20	

三、课后习题

1. 钢筋砖过梁其底面砂浆处的钢筋，直径不应小于_____mm，间距不应大于_____mm，钢筋伸入支座砌体内的长度不宜小于_____mm，砂浆层的厚度不宜小于_____mm，砖砌过梁所用砂浆不宜低于_____，其跨度不应超过_____m。

2. 在灰缝砂浆强度达到设计强度的_____以上时，方可拆除旋胎板。

项目六　柱子的砌筑

● 项目目标

知识目标：掌握柱砌筑的工艺和方法，熟悉柱的各种构造要求。熟悉并掌握柱砌筑过程中的质量控制措施及质量检测的内容、方法和标准。

技能目标：能够进行各种柱的砌筑，并能进行检测。

第一节　二四柱的砌筑

学习任务：根据砌筑工艺要求，砌筑 240 mm×240 mm，高度 1.2 m 的砖柱（图6-1）。

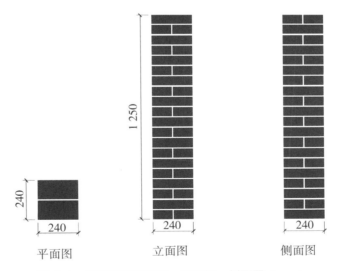

平面图　　立面图　　侧面图

图 6-1　二四柱的平面图、立面图、侧面图（mm）

学习目标：

（1）重点掌握二四柱的砌筑工艺。

（2）熟悉二四砖柱的组砌形式。

（3）了解砖柱的质量控制和检测内容及方法。

材料及工具：

（1）材料。标准砖、砂浆（水泥、砂、水）、外加剂。

（2）工具。灰铲、灰斗、靠尺、线锤、水平尺、皮数杆、卷尺、施工线若干、红蓝铅笔、墨斗、水桶、铁锹、砂浆搅拌机等。

一、二四柱操作工艺和方法

1. 抄平放线

砌柱前先在地面上放出定位轴线，并用水泥砂浆找平，然后弹出轴线，根据图纸尺寸确定柱身边线。如图 6-2 所示。

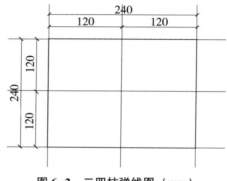

图 6-2　二四柱弹线图（mm）

2. 确定组砌方式

二四柱为砖柱最简单的砌法，组砌方法一般采用满丁满条，里外咬槎，上下层错缝，采用"三一"砌砖法（即一铲灰，一块砖，一挤揉），严禁用水冲砂浆灌缝的方法。如图 6-3 所示。

图 6-3　二四柱组砌方式（mm）

3. 基层处理

砌筑前，基层表面应清扫干净，洒水湿润。基础面有高低不平时，要进行找平，小于 3 cm 的要用 1∶3 水泥砂浆，大于 3 cm 的要用细石混凝土找平，使各柱第一皮砖在同一标高上。

4. 立皮数杆

在柱子的旁边立好皮数杆，用来控制灰缝的厚度和砖柱的标高。

5. 砌砖

用预先润湿好的普通黏土砖进行砌筑，采用"三一"砌砖法进行砌筑，第一皮砖用丁砖，相邻两块砖之间留 10 mm 灰缝，将砖贴于砂浆上，保证两块砖整体水平，砖的下棱边对准柱子的边线（图 6-4）。

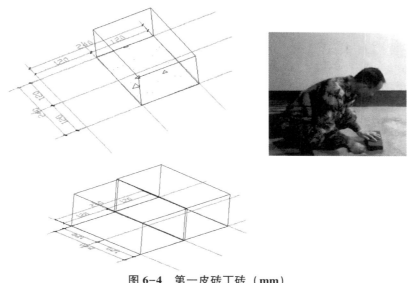

图 6-4 第一皮砖丁砖（mm）

砌第二皮砖为顺砖，砖的下棱边对准第一皮砖上棱边线，保证上下砖对齐，第三皮往上依次错缝搭接砌筑，一定要控制好水平灰缝，不能出现内面高或者外面高。第三皮砌完，用铅垂或者水平尺检测砖柱的垂直度，以保证砖柱垂直满足要求，做到"三皮一吊，五皮一靠"（图 6-5）。

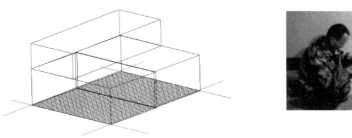

图 6-5 第二皮砖顺砖

6. 勾缝

勾缝是砌筑砖柱的最后一道工序，具有保护和美化柱面的作用。采用砌筑砂浆随砌随勾缝，称为原浆勾缝。本项目勾缝形式采用凹平缝，深度 5 mm。

二、考核检测

项次	项目	检验方法	分值	得分
1	放线	过程目测，操作方法和平面位置	20	

（续表）

项次	项目	检验方法	分值	得分
2	组砌	过程目测，组砌方式是否合理	20	
3	垂直度	水平尺检测	20	
4	平整度	靠尺和塞尺	20	
5	皮数杆的位置、刻度、垂直度	直尺、水平尺	10	
6	勾缝	目测步法、身法、手法	10	

三、课后习题

1. 填空

砖柱的水平灰缝和竖向灰缝宽度一般为_____mm，但不小于_____mm，也不应大于_____mm。水平灰缝的砂浆饱满度不得低于_____%，竖向灰缝宜采用挤浆或加浆方法，使其砂浆饱满，严禁用水冲浆灌缝。

2. 简答题

简述二四柱的施工工艺过程。

第二节　三七柱的砌筑

学习任务：根据砌筑工艺要求，砌筑 370 mm×370 mm，高度 1.2 m（图 6-6）。

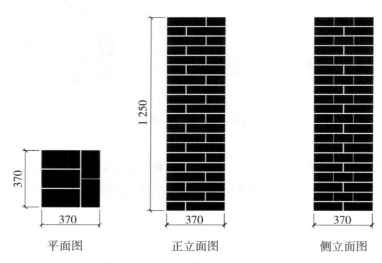

平面图　　　　　正立面图　　　　　侧立面图

图 6-6　三七柱平面图、正立面图、侧立面图（mm）

学习目标：

（1）重点掌握三七柱的砌筑工艺。

（2）熟悉三七砖柱的组砌形式。

（3）了解砖柱的质量控制和检测内容及方法。

材料及工具：

（1）材料。标准砖、砂浆（水泥、砂、水）、外加剂。

（2）工具。灰铲、灰斗、靠尺、线锤、水平尺、皮数杆、卷尺、施工线若干、红蓝铅笔、墨斗、水桶、铁锹、砂浆搅拌机等。

一、三七柱操作工艺和方法

1. 抄平放线

砌筑前先在地面上放出定位轴线，并用水泥砂浆找平，然后弹出柱身边线，确定与轴线位置关系。如图6-7所示。

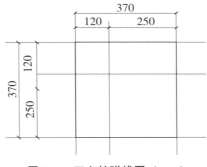

图 6-7　三七柱弹线图（mm）

2. 确定组砌方式

三七砖柱的砌筑方法宜用"三一"砌砖法（即一铲灰，一块砖，一挤揉），首先进行组砌方式的确定（图6-8）。

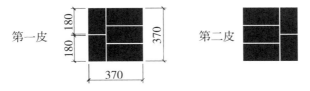

图 6-8　370 mm×370 mm 砖柱组砌（mm）

3. 摆底

在放线的基面上按三七砖柱的组砌方式用干砖试摆。目的是校对是否符合模数，以便借助灰缝进行调整，使砖的排列和砖缝宽度均匀，提高砌砖效率。

4. 基层处理

砌筑前，基层表面应清扫干净，洒水湿润。基础面有高低不平时，要进行找平，小于 3 cm 的要用 1∶3 水泥砂浆，大于 3 cm 的要用细石混凝土找平，使各柱第一皮砖在同一标高上。

5. 立皮数杆

在柱子的旁边立好皮数杆，用来控制灰缝的厚度和砖柱的标高。

6. 砌砖

用预先准备润湿好的普通黏土砖砌筑，采用"三一"砌砖法进行砌筑，第一皮砖先平行摆砌三块砖，取两块七分头砖丁砌，一侧由一块 24 砖长加 12 砖长组成三七柱边，另一侧由两块七分头砖组成三七柱边，每边长为 370 mm。两块砖之间留 10 mm 灰缝，将砖贴于砂浆上，保证柱平面整体水平，砖的下棱要对准柱子的边线（图 6-9）。

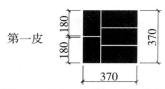

第一皮

图 6-9　370 mm×370 mm 第一皮砖柱组砌（mm）

砌第二皮砖柱时，以砂浆打底，与第一皮砖错缝搭接，砖的下棱边对准第一皮砖上棱边线，保证上下砖对齐，第三皮往上依次错缝搭接砌筑，一定要控制好水平灰缝，不能出现内面高或者外面高，确保柱面水平，可以用皮数杆来控制灰缝的厚度和标高，第三皮砌完，用铅垂或者水平尺检测砖柱的垂直度、平整度，以保证砖柱垂直度、平整度满足要求，做到"三皮一吊，五皮一靠"。砌到第五层也可以用靠尺来进行检验墙面是否垂直，以确保后期砌筑的准确性（图 6-10）。

第二皮

图 6-10　370 mm×370 mm 砖柱组砌

7. 勾缝

勾缝是砌筑砖柱的最后一道工序，具有保护和美化柱面的作用。采用砌筑砂浆随砌随勾缝，称为原浆勾缝。本项目勾缝形式采用凹平缝，深度 5 mm。

二、考核检测

项次	项目	检验方法	分值	得分
1	放线	过程目测，操作方法和平面位置	10	
2	组砌	过程目测，组砌方式是否合理	10	

（续表）

项次	项目	检验方法	分值	得分
3	垂直度	水平尺检测	10	
4	平整度	靠尺和塞尺	10	
5	皮数杆的位置	目测	10	
6	刻度	直尺	20	
7	垂直度	水平尺	20	
8	勾缝	目测步法、身法、手法	10	

三、课后习题

1. 填空

砖柱的水平灰缝和竖向灰缝宽度一般为_____mm，但不小于_____mm，也不应大于_____mm。水平灰缝的砂浆饱满度不得低于_____%，竖向灰缝宜采用挤浆或加浆方法，使其砂浆饱满，严禁用水冲浆灌缝。

2. 简答题

简述三七柱的施工工艺过程。

项目七　砖基础的砌筑

◉ 项目目标

知识目标：掌握砖基础砌筑的工艺和方法，熟悉砖基础的构造要求。熟悉并掌握砖基础砌筑过程中的质量控制措施及质量检测的内容、方法和标准。

技能目标：能够进行各种砖基础的砌筑，并能进行检测。

等高式基础的砌筑

学习任务：砌筑如图 7-1 所示的六皮三收等高式大放脚砖基础及墙，长度 1 615 mm，整体高度 680 mm，每台阶收进 60 mm。

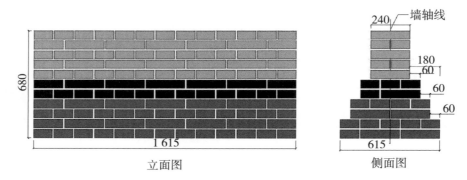

图 7-1　等高式大放脚基础的立面图、侧面图

学习目标：

（1）掌握等高式大放脚砖基础的砌筑工艺和方法。

（2）熟悉等高式大放脚砖基础的质量控制、检测的内容和方法。

材料及工具：标准砖、砂浆（水泥、砂、水）、外加剂等。灰铲、刨锛、灰斗、靠尺、线锤、水平尺、皮数杆、卷尺、施工线若干、红蓝铅笔、墨斗、水桶、铁锹、砂浆搅拌机等。

一、等高式基础操作工艺和方法

1. 组砌方式

砖基础下部扩大部分称为大放脚。大放脚有等高式、不等高式（间隔式）两种砌筑形式。等高式大放脚是两皮一收，即每砌两皮砖收进一次，每次每边各收进 60 mm；不等高式大放脚是两皮一收与一皮一收相间，即每砌两皮砖收进一次与每砌一皮砖收进一次相同，每次每边各收进 60 mm，但最下一层应为两皮砖（图 7-2）。

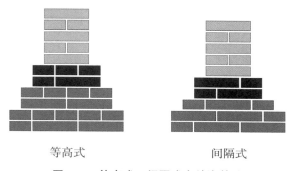

等高式　　　　　　　　间隔式

图 7-2　等高式、间隔式大放脚基础

2. 抄平放线

在地面上定出标高，并找平，然后弹出基础轴线、边线，基础的起止线。基础的边线宽度按照 B=b+2L 式进行计算（其中 B 为大放脚宽度，b 为正墙身尺寸，L 为一侧基础收进的宽度）得到基底宽度 B＝240 mm+2×3×60 mm＝600 mm，即两砖半宽，考虑到竖缝厚实际应为 615 mm（图 7-3）。

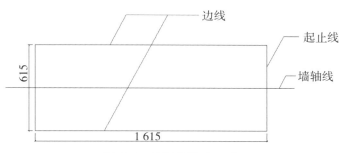

图 7-3　抄平放线（mm）

3. 摞底

在基面上按六皮三收的组砌方式用干砖试摆，按规定第一皮砖的试摆如图 7-4 所示，加灰缝宽度为 615 mm。砖的排列和砖缝宽度均匀，砖缝宽度不小于 8 mm，不大于 12 mm，整体符合模数要求。

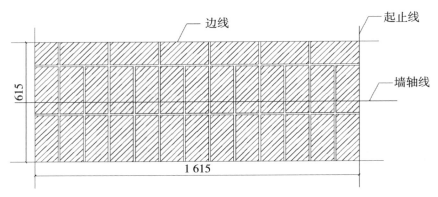

图 7-4　摆底图（mm）

4. 立皮数杆

皮数杆设置在砖基础的两端。其上画出每皮砖、灰缝厚度、收台位置及各位置标高，以便依照皮数杆逐皮砌筑大放脚。砌筑基础时先砌两端，然后拉准线砌中间部分。

5. 砌筑两端（盘角）

大放脚的盘角主要是用来控制基础的质量，每次盘角都要检查退台的尺寸、标高。标高要与皮数杆相符，皮数杆的位置搁在墙的中心，以消除由于墙宽退台离皮数杆越远而产生的视差。要求各层与皮数杆偏差不得大于 ±10 mm。

6. 挂线

盘角后，挂施工线，采用双面挂线，作为台阶砌筑的依据。

7. 砌筑

（1）砌砖基础采用"三一"砌砖法砌筑。砌筑时做到"上跟线下跟棱，左右相邻要对平"。砖的上棱边要与准线离约 1 mm，下棱边要与下层已砌好的砖棱对齐，左右前后位置要准。保证砖基础水平灰缝的砂浆饱满，饱满度不应低于 80%。

（2）砌一、二皮砖时，如图 7-5 所示做到内外咬槎，上下错缝，竖缝至少错开 1/4 砖长。

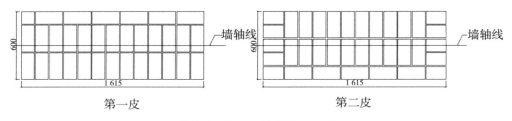

图 7-5　砌一、二皮砖（mm）

（3）砌三、四皮砖时，如图 7-6 所示收进 1/4 砖长，要用标准尺进行校核，砌筑时上下错缝，砖棱跟线。

（4）砌五、六皮砖时，如图 7-7 所示收进 1/4 砖长，要用标准尺进行校核，砌筑

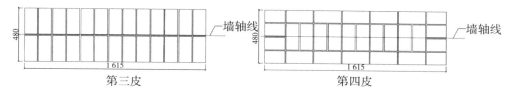

图 7-6　砌三、四皮砖（mm）

时上下错缝，砖棱跟线。

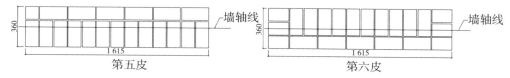

图 7-7　砌五、六皮砖（mm）

（5）基础上部的墙体砌筑，砌筑时，基础再收进 1/4 砖长，墙体厚 240 mm。校核墙体轴线、边线。墙体采用一顺一丁的组切形式，第一皮砖丁砌，按照"三一"砌砖法，砌筑到规定的标高，方法同前面学习的砖墙的砌筑。

二、考核检测

项次	项目	检验方法	分值	得分
1	砂浆饱满度	百格网	10	
2	竖缝饱满度	目测	10	
3	水平灰缝厚度	尺量	10	
4	水平灰缝平直度	拉线尺量	10	
5	墙角、墙面垂直度	拖线板	20	
6	大放脚尺寸	量测	10	
7	轴线位移	尺量	20	
8	基础标高	量测	10	

三、课后习题

如何预防基础轴线偏移？

项目八　世界技能大赛砌筑项目

● **项目目标**

　　知识目标：掌握建筑绘图和识图的基本知识。掌握各种砌体砌筑的工艺和方法，熟悉各种材料的选择、加工工艺和方法。熟悉质量控制措施及质量检测的内容、方法。

　　技能目标：能够根据图纸要求选择和加工各种材料，能够根据世界技能大赛标准砌筑带有各种复杂造型的砌体，能够根据世界技能大赛的标准进行质量控制检测，能够创新性地使用新工艺、新方法、新工具。

　　学习任务：带图案的砌体砌筑。如图 8-1 所示。

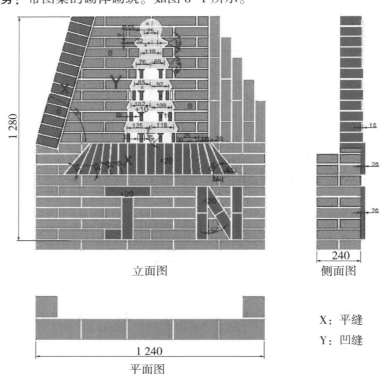

立面图

侧面图

平面图

X：平缝

Y：凹缝

图 8-1　带图案的砌体平面图、立面图、侧面图（mm）

学习目标：

（1）掌握技能大赛砌体砌筑的工艺和方法。

（2）熟悉检测的内容、标准和方法。

材料及工具： 标准砖、砂浆（水泥、砂、水）、外加剂等。灰铲、灰斗、靠尺、线锤、水平尺、皮数杆、卷尺、施工线若干、红蓝铅笔、墨斗、水桶、铁锹、砂浆搅拌机、大型带水切割机、护目镜、围裙、防护钢板鞋、电力设施等。

一、带图案的砌体砌筑操作工艺和方法

1. 抄平放线

根据操作现场情况，用水泥砂浆或砌一皮砖找平，并在基层上放出墙体的轴线或边线以及图案的位置起止线等。如图 8-2 所示。

图 8-2　抄平放线

2. 放样画线

根据砌体图案尺寸，在 1∶1 放样纸上摆砖并画线。如图 8-3 所示。

3. 切割

依据划线，用大型切割机切出图案所需的异形砖。如图 8-4 所示。

图 8-3　放样画线

图 8-4　切割

4. 立皮数杆

在基层放线的两头，安放工具式皮数杆，并调整皮数杆的水平和垂直。如图 8-5

所示。

5. 挂线

在皮数杆上挂好施工线。如图 8-6 所示。

图 8-5　立皮数杆　　　　　　　　　图 8-6　挂线

6. 砌筑

按照砌体图案进行砌体砌筑。注意每皮砖都要控制好图案的位置、尺寸、角度。

7. 勾缝

按照图纸的要求，勾出 3 种不同的灰缝。要求勾缝深浅一致，平整光洁。如图 8-7 所示。

图 8-7　勾缝

二、考核检测

操作技能检查评分标准

标准编号	内容	分数			实得分
		测量分	评价分	总分	
A	尺寸	20		20	
B	水平	10		10	
C	垂直度	20		20	
D	对齐（平整度）	10		10	
E	细部	20		20	
F	连接及成品		20	20	
总分		80	20	100	

技能大赛砌筑项目评分表

标准编号	内容		要求或公称尺寸	评分标准	最大分值	实测值	得分值
A	尺寸	1.1		每 1 mm 误差扣除 0.2 分	1		
		1.2		每 1 mm 误差扣除 0.2 分	1		
		1.3		每 1 mm 误差扣除 0.2 分	1		
		1.4		每 1 mm 误差扣除 0.2 分	1		
		1.5		每 1 mm 误差扣除 0.2 分	1		
		1.6		每 1 mm 误差扣除 0.2 分	1		
		1.7		每 1 mm 误差扣除 0.2 分	1		
		1.8		每 1 mm 误差扣除 0.2 分	1		
		1.9		每 1 mm 误差扣除 0.2 分	1		
		1.10		每 1 mm 误差扣除 0.2 分	1		
B	水平	2.1	0 mm	每 1 mm 误差扣除 0.2 分	1		
		2.2	0 mm	每 1 mm 误差扣除 0.2 分	1		
		2.3	0 mm	每 1 mm 误差扣除 0.2 分	1		
		2.4	0 mm	每 1 mm 误差扣除 0.2 分	1		
		2.5	0 mm	每 1 mm 误差扣除 0.2 分	1		

（续表）

标准编号	内容		要求或公称尺寸	评分标准	最大分值	实测值	得分值
C	垂直度	3.1	0 mm	每 1 mm 误差扣除 0.2 分	2		
		3.2	0 mm	每 1 mm 误差扣除 0.2 分	2		
		3.3	0 mm	每 1 mm 误差扣除 0.2 分	2		
		3.4	0 mm	每 1 mm 误差扣除 0.2 分	2		
		3.5	0 mm	每 1 mm 误差扣除 0.2 分	2		
D	对齐（平整度）	4.1	0 mm	每 1 mm 误差扣除 0.2 分	1		
		4.2	0 mm	每 1 mm 误差扣除 0.2 分	1		
		4.3	0 mm	每 1 mm 误差扣除 0.2 分	1		
		4.4	0 mm	每 1 mm 误差扣除 0.2 分	1		
		4.5	0 mm	每 1 mm 误差扣除 0.2 分	1		
E	细部	5.1		每 1 mm 误差扣除 0.2 分	1		
		5.2		每 1 mm 误差扣除 0.2 分	1		
		5.3		每 1 mm 误差扣除 0.2 分	1		
		5.4		每 1 mm 误差扣除 0.2 分	1		
		5.5		每 1 mm 误差扣除 0.2 分	1		
		5.6		每 1 mm 误差扣除 0.2 分	1		
		5.7		每 1 mm 误差扣除 0.2 分	1		
		5.8		每 1 mm 误差扣除 0.2 分	1		
		5.9		每 1 mm 误差扣除 0.2 分	1		
		5.10		每 1 mm 误差扣除 0.2 分	1		
F	连接及成品	6.1	凹缝无 5 mm 深以上孔洞，所有成品边缘光滑干净		2		
		6.2	平缝（X）：砖边缘平整、光滑、无孔		2		
		6.3	饱满度：灰缝砂浆饱满		1		
		6.4	按示意图组砌方式正确砌筑		1		
		6.5	非整砌切割线平直，无缺口		1		
		6.6	水平、竖直灰缝宽厚符合要求，不游丁走缝，抹灰面平整光洁		1		
		6.7	清洁和成品外观		1		
		6.8	作品背面整洁饱满		1		

三、课后习题

写出本项目砌筑过程中控制图案尺寸、质量的方法。

附件 砌体工程质量标准和要求

1. 砌体施工质量控制等级分为三级，并应按附表 1 划分。

附表 1 施工质量控制等级

注意：（1）砂浆、混凝土强度离散性大小根据强度标准差确定。

（2）配筋砌体不得为 C 级施工。

项目	施工质量控制等级		
	A	B	C
现场质量管理	监督检查制度健全，并严格执行；施工方有在岗专业技术管理人员，人员齐全，并持证上岗	监督检查制度基本健全，并能执行；施工方有在岗专业技术管理人员，人员齐全，并持证上岗	有监督检查制度；施工方有在岗专业技术管理人员
砂浆、混凝土强度	试块按规定制作，强度满足验收规定，离散性小	试块按规定制作，强度满足验收规定，离散性较小	试块按规定制作，强度满足验收规定，离散性大
砂浆拌合	机械拌合；配合比计量控制严格	机械拌合；配合比计量控制一般	机械或人工拌合；配合比计量控制较差
砌筑工人	中级工以上。其中，高级工不少于 30%	高、中级工不少于 70%	初级工以上

2. 砌体工程所用的材料应有产品合格证书、产品性能型式检验报告，质量应符合国家现行有关标准的要求。严禁使用国家明令禁止或淘汰的材料。

3. 砌筑放线尺寸的允许偏差应符合附表 2 的规定。

附表 2 放线尺寸的允许偏差

长度 L、宽度 B（m）	允许偏差（mm）	长度 L、宽度 B（m）	允许偏差（mm）
L（或 B）≤30	±5	60<L（或 B）≤90	±15
30<L（或 B）≤60	±10	L（或 B）>90	±20

4. 砌筑顺序应符合下列规定。

（1）基底标高不同时，应从低处砌起，并应由高处向低处搭砌。当设计无要求时，搭接长度 L 不应小于基础底的高差 H，搭接长度范围内下层基础应扩大砌筑（附图1）。

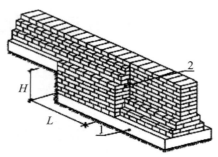

附图1　基地标高不同时的搭砌示意图（条形基础）
1. 混凝土垫层；2. 基础扩大部分

（2）砌体的转角处和交接处应同时砌筑，当不能同时砌筑时，应按规定留槎、接槎。

5. 砌筑墙体应设置皮数杆。

6. 不得在下列墙体或部位设置脚手眼：

（1）120 mm 厚墙、清水墙、料石墙、独立柱和附墙柱。

（2）过梁上与过梁呈 60°角的三角形范围及过梁净跨度 1/2 的高度范围内。

（3）宽度小于 1 m 的窗间墙。

（4）门窗洞口两侧砖砌体 200 mm 范围内；转角处砖砌体 450 mm 范围内。

（5）梁或梁垫下及其左右 500 mm 范围内。

（6）其他不允许设置脚手眼的部位。

7. 墙或柱，其抗风允许自由高度不得超过附表3的规定。如超过表中限值时，必须采用临时支撑等有效措施。

附表3　墙和柱的允许自由高度（m）

墙（柱）厚（mm）	砌体密度 > 1 600（kg/m³）			砌体密度 1 300 ~ 1 600（kg/m³）		
	风载（kN/m²）			风载（kN/m²）		
	0.3（约7级风）	0.4（约8级风）	0.5（约9级风）	0.3（约7级风）	0.4（约7级风）	0.5（约9级风）
190	—	—	—	1.4	1.1	0.7
240	2.8	2.1	1.4	2.2	1.7	1.1
370	5.2	3.9	2.6	4.2	3.2	2.1
490	8.6	6.5	4.3	7.0	5.2	3.5

（续表）

墙（柱）厚（mm）	砌体密度＞1 600（kg/m³）			砌体密度1 300～1 600（kg/m³）		
	风载（kN/m²）			风载（kN/m²）		
	0.3（约7级风）	0.4（约8级风）	0.5（约9级风）	0.3（约7级风）	0.4（约7级风）	0.5（约9级风）
620	14.0	10.5	7.0	11.4	8.6	5.7

注：1. 本表适用于施工处相对标高 H 在 10 m 范围的情况。如 10 m＜H≤15 m。

15 m＜H≤20 m 时，表中的允许自由高度应分别乘以 0.9、0.8 的系数；如 H＞20 m 时，应通过抗倾覆验算确定其允许自由高度。

2. 当所砌筑的墙有横墙或其他结构与其连接，而且间距小于表中相应墙、柱的允许自由高度的 2 倍时，砌筑高度可不受本表的限制。

3. 当砌体密度小于 1 300 kg/m³ 时，墙和柱的允许自由高度应另行验算确定。

8. 雨天不宜露天砌筑墙体，对下雨当日砌筑的墙体应进行遮盖。继续施工时，应复核墙体的垂直度，如果垂直度超过允许偏差，应拆除重新砌筑。

9. 正常施工条件下，砖砌体、小砌块砌体每日砌筑高度宜控制在 1.5 m 或一步脚手架高度内。

10. 砌体结构工程检验批验收时，其主控项目应全部符合本规范的规定；一般项目应有 80% 及以上的抽检处符合本规范的规定；有允许偏差的项目，最大超差值为允许偏差值的 1.5 倍。

11. 砌体结构分项工程中检验批抽检时，各抽检项目的样本最小容量除有特殊要求外，按不应小于 5 确定。

12. 在墙体砌筑过程中，当砌筑砂浆初凝后，块体被撞动或需移动时，应将砂浆清除后再铺浆砌筑。

13. 水泥质量必须符合现行国家标准《通用硅酸盐水泥》GB 175 的有关规定。不同品种的水泥，不得混合使用。

14. 砂浆用砂宜采用过筛中砂，并应满足下列要求：

（1）不应混有草根、树叶、树枝、塑料、煤块、炉渣等杂物。

（2）砂中含泥量、泥块含量、石粉含量、云母、轻物质、有机物、硫化物、硫酸盐及氯盐含量（配筋砌体砌筑用砂）等应符合现行行业标准《普通混凝土用砂、石质量及检验方法标准》JGJ 52 的有关规定。

（3）人工砂、山砂及特细砂，应经试配能满足砌筑砂浆技术条件要求。

15. 拌制水泥混合砂浆的粉煤灰、建筑生石灰、建筑生石灰粉及石灰膏应符合下列规定：

（1）粉煤灰、建筑生石灰、建筑生石灰粉的品质指标应符合现行行业标准《粉煤灰在混凝土及砂浆中应用技术规程》JGJ 28、《建筑生石灰》JC/T 479、《建筑生石灰粉》JC/T 480 的有关规定。

（2）建筑生石灰、建筑生石灰粉熟化为石灰膏，其熟化时间分别不得少于 7 天和 2

天；沉淀池中储存的石灰膏应防止干燥、冻结和污染，严禁采用脱水硬化的石灰膏；建筑生石灰粉、消石灰粉不得替代石灰膏配制水泥石灰砂浆。

（3）石灰膏的用量，应按稠度 120 mm±5 mm 计量，现场施工中石灰膏不同稠度的换算系数，可按附表 4 确定。

附表 4　石灰膏不同稠度的换算系数

稠度（mm）	120	110	100	90	80	70	60	50	40	30
换算系数	1.00	0.99	0.97	0.95	0.93	0.92	0.90	0.88	0.87	0.86

16. 拌制砂浆用水的水质，应符合现行行业标准《混凝土用水标准》JGJ 63 的有关规定。

17. 砌筑砂浆应进行配合比设计，砌筑砂浆的稠度宜按附表 5 的规定采用。

附表 5　砌筑砂浆的稠度

砌体种类	砂浆稠度（mm）
烧结普通砖砌体 蒸压粉煤灰砖砌体	70~90
混凝土实心砖、混凝土多孔砖砌体 普通混凝土小型空心砌块砌体 蒸压灰砂砖砌体	50~70
烧结多孔砖、空心砖砌体 轻骨料小型空心砌块砌体 蒸压加气混凝土砌块砌体	60~80
石砌体	30~50

注：1. 采用薄灰砌筑法砌筑蒸压加气混凝土砌块砌体时，加气混凝土黏结砂浆的加水量按照其产品说明书控制。

2. 当砌筑其他块体时，其砌筑砂浆的稠度可根据块体吸水特性及气候条件确定。

18. 在砂浆中掺入的砌筑砂浆增塑剂、早强剂、缓凝剂、防冻剂、防水剂等砂浆外加剂，其品种和用量应经有资质的检测单位检验和试配确定。所用外加剂的技术性能应符合国家现行有关标准《砌筑砂浆增塑剂》JG/T 164、《混凝土外加剂》GB 8076、《砂浆、混凝土防水剂》JC 474 的质量要求。

19. 配制砌筑砂浆时，各组分材料应采用质量计量，水泥及各种外加剂配料的允许偏差为±2%；砂、粉煤灰、石灰膏等配料的允许偏差为±5%。

20. 砌筑砂浆应采用机械搅拌，搅拌时间自投料完起算应符合下列规定：

（1）水泥砂浆和水泥混合砂浆不得少于 120 s。

（2）水泥粉煤灰砂浆和掺用外加剂的砂浆不得少于 180 s。

（3）掺增塑剂的砂浆，其搅拌方式、搅拌时间应符合现行行业标准《砌筑砂浆增塑剂》JG/T 164 的有关规定。

（4）干混砂浆及加气混凝土砌块专用砂浆宜按掺用外加剂的砂浆确定搅拌时间或按产品说明书采用。

21. 现场拌制的砂浆应随拌随用，拌制的砂浆应在 3 h 内使用完毕；当施工期间最高气温超过 30℃时，应在 2 h 内使用完毕。

22. 砌体结构工程使用的湿拌砂浆，除直接使用外必须储存在不吸水的专用容器内，并根据气候条件采取遮阳、保温、防雨雪等措施，砂浆在储存过程中严禁随意加水。

23. 用于清水墙、柱表面的砖，应边角整齐、色泽均匀。

24. 砌筑烧结普通砖、蒸压灰砂砖、蒸压粉煤灰砖砌体时，砖应提前 1~2 天适度湿润，严禁采用干砖或处于吸水饱和状态的砖砌筑，块体湿润程度宜符合下列规定：

（1）烧结类块体的相对含水率 60%~70%。

（2）混凝土多孔砖及混凝土实心砖不需浇水湿润，但在气候干燥炎热的情况下，宜在砌筑前对其喷水湿润。其他非烧结类块体的相对含水率 40%~50%。

25. 采用铺浆法砌筑砌体，铺浆长度不得超过 750 mm；当施工期间气温超过 30 ℃时，铺浆长度不得超过 500 mm。

26. 240 mm 厚承重墙的每层墙的最上一皮砖，砖砌体的阶台水平面上及挑出层的外皮砖，应整砖丁砌。

27. 弧拱式及平拱式过梁的灰缝应砌成楔形缝，拱底灰缝宽度不宜小于 5 mm，拱顶灰缝宽度不应大于 15 mm，拱体的纵向及横向灰缝应填实砂浆；平拱式过梁拱脚下面应伸入墙内不小于 20 mm；砖砌平拱过梁底应有 1% 的起拱。

28. 砖过梁底部的模板及其支架拆除时，灰缝砂浆强度不应低于设计强度的 75%。

29. 竖向灰缝不应出现瞎缝、透明缝和假缝。

30. 砖砌体施工临时间断处补砌时，必须将接槎处表面清理干净，洒水湿润，并填实砂浆，保持灰缝平直。

31. 砖和砂浆的强度等级必须符合设计要求。

32. 砌体灰缝砂浆应密实饱满，砖墙水平灰缝的砂浆饱满度不得低于 80%；砖柱水平灰缝和竖向灰缝饱满度不得低于 90%。

33. 砖砌体的转角处和交接处应同时砌筑，严禁无可靠措施的内外墙分砌施工。在抗震设防烈度为 8 度及 8 度以上地区，对不能同时砌筑而又必须留置的临时间断处应砌成斜槎，普通砖砌体斜槎水平投影长度不应小于高度的 2/3，多孔砖砌体的斜槎长高比不应小于 1/2。斜槎高度不得超过一步脚手架的高度。

34. 非抗震设防及抗震设防烈度为 6 度、7 度地区的临时间断处，当不能留斜槎时，除转角处外，可留直槎，但直槎必须做成凸槎，且应加设拉结钢筋，拉结钢筋应符合下列规定：

（1）每 120 mm 墙厚放置 1Φ6 拉结钢筋（120 mm 厚墙应放置 2Φ6 拉结钢筋）；

（2）间距沿墙高不应超过 500 mm，且竖向间距偏差不应超过 100 mm；

（3）埋入长度从留槎处算起每边均不应小于 500 mm，对抗震设防烈度 6 度、7 度的地区，不应小于 1 000 mm；

（4）末端应有90°弯钩（附图2）。

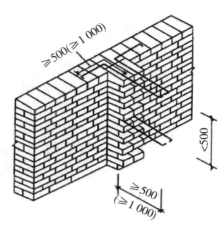

≥500（≥1 000）

<500

≥500
（≥1 000）

附图2 直槎处拉结筋示意图（mm）

35. 砖砌体组砌方法应正确，内外搭砌，上、下错缝。清水墙、窗间墙无通缝；混水墙中不得有长度大于300 mm的通缝，长度200~300 mm的通缝每间不超过3处，且不得位于同一面墙体上。砖柱不得采用包心砌法。

36. 砖砌体的灰缝应横平竖直，厚薄均匀，水平灰缝厚度及竖向灰缝宽度宜为10 mm，但不应小于8 mm，也不应大于12 mm。

37. 砖砌体尺寸、位置的允许偏差及检验应符合附表6的规定

附表6 砖砌体尺寸、位置的允许偏差及检验方法

项次	项目		允许偏差（mm）	检验方法	抽检数量
1	轴线位移		10	用经纬仪和尺检查或用其他测量仪器检查	承重墙、柱、全数检查
2	基础、墙、柱顶面标高		±15	用水准仪和尺检查	不应少于5处
3	墙面垂直度	每层	5	用2 m拖线板检查	不应少于5处
		全高 ≤10 m	10	用经纬仪、吊线和尺检查或用其他测量仪器检查	外墙全部阳角
		全高 >10m	20		
4	表面平整度	清水墙、柱	5	用2 m靠尺和楔形塞尺检查	不应少于5处
		混水墙、柱	8		
5	水平灰缝平整度	清水墙	7	拉5 m线和尺检查	不应少于5处
		混水墙	10		
6	门窗洞口高、宽（后塞口）		±10	用尺检查	不应少于5处

（续表）

项次	项目	允许偏差（mm）	检验方法	抽检数量
7	外墙上下窗口偏移	20	以底层窗口为准，用经纬仪或吊线检查	不应少于5处
8	清水墙游丁走缝	20	以每层第一皮砖为准，用吊线或尺检查	不应少于5处

38. 构造柱与墙体的连接应符合下列规定

（1）墙体应砌成马牙槎，马牙槎凹凸尺寸不宜小于60 mm，高度不应超过300 mm，马牙槎应先退后进，对称砌筑；马牙槎尺寸偏差每一构造柱不应超过2处。

（2）预留拉结钢筋的规格、尺寸、数量及位置应正确，拉结钢筋应沿墙高每隔500 mm设2Φ6，伸入墙内不宜小于600 mm，钢筋的竖向移位不应超过100 mm，且竖向移位每一构造柱不得超过2处。

（3）施工中不得任意弯折拉结钢筋。

39. 构造柱一般尺寸允许偏差及检验方法

项次	项目			允许偏差（mm）	检验方法
1	中心线位置			10	用经纬仪和尺检查或用其他测量仪器检查
2	层间错位			8	用经纬仪和尺检查或用其他测量仪器检查
3	垂直度	每层		10	用2 m拖线板检查
		全高	≤10 m	15	用经纬仪、吊线和尺检查或用其他测量仪器检查
			>10 m	20	

40. 钢筋安装位置的允许偏差和检验方法

项目		允许偏差（mm）	检验方法
受力钢筋保护层厚度	网状配筋砌体	±10	检查钢筋网成品，钢筋网放置位置局部剔缝观察，或用探针刺入灰缝内检查，或用钢筋位置测定仪测定
	自合砖砌体	±5	支模前观察与尺量检查
	钢筋小砌块砌体	±10	浇筑灌孔混凝土前观察与尺量检查
钢筋小砌块砌体墙凹槽中水平钢筋间距		±10	钢尺量连续三档，取最大值

41. 填充墙砌体尺寸、位置的允许偏差及检验方法

项次	项目	允许偏差（mm）	检验方法
1	轴线位移	10	用尺检查

（续表）

项次	项目		允许偏差（mm）	检验方法
2	垂直度 （每层）	≤3 m	5	用2 m拖线板或吊线、尺检查
		>3 m	10	
3	表面平整		8	用2 m靠尺和楔形尺检查
4	门窗洞口高、宽（后塞口）		±10	用尺检查
5	外墙上、下窗口偏移		20	用经纬仪或吊线检查

42. 填充墙砌体的砂浆饱满度及检验方法

砌体分类	灰缝	饱满度级要求	检验方法
空心砖砌体	水平	≥80%	采用百格网检查块体底面或侧面砂浆的黏结痕迹面积
	垂直	填满砂浆，不得有透明缝、瞎缝、假缝	
蒸压加气混凝土块、轻骨料混凝土小型空心砌块砌体	水平	≥80%	
	垂直	≥80%	

参考文献

［1］国家标准《砌体工程施工质量验收规范》GB 50203—2011
［2］《建筑工程施工质量验收统一标准》GB 50300
［3］《通用硅酸盐水泥》GB 175
［4］《混凝土用水标准》JGJ 63
［5］《砌筑砂浆增塑剂》JG/T 164
［6］《粉煤灰在混凝土及砂浆中应用技术规程》JGJ 28
［7］《建筑工程冬期施工规程》JGJ/T 104
［8］《普通混凝土用砂、石质量及检验方法标准》JGJ 52
［9］《建筑生石灰》JC/T 479